KB133084

어바웃 슈

권주원 지음

ABOUT CHOUX

BnCworld

권주원 Kwon, Ju won

한남동의 대표적인 디저트 숍이자 아틀리에 '수르기'의 오너셰프다.
간호학을 전공하고 오랜 꿈이었던 파티시에가 되고자 파리로 떠났다.
크리스마스 시즌, 겨우살이를 걸어 두고 그 아래서 소중한 사람들과
사랑과 행복을 나누는 파리의 겨울에 반해 프랑스어로 '겨우살이 아래'
라는 뜻의 '수르기(sous le gui)'를 오픈했다. 그녀만의 감성이 묻어나는
세련된 디자인과 섬세한 맛의 디저트로 이름을 알린 지 10여년.
현재는 숍 운영과 클래스를 병행하며 세미나와 컨설팅,
다른 브랜드와의 협업 등을 통해 더욱 활발한 활동을 이어가고 있다.
최근에는 오랫동안 관심을 가져온 슈를 더욱 발전시켜 계절마다
제철을 온전히 느낄 수 있는 독창적인 슈 디저트를 개발해 선보이며
디저트 마니아들의 탄성을 자아내고 있다.

경희대학교 간호학과 졸업
Le Cordon Bleu, Paris 제과 디플로마 수료
Ecole Bellouet Conseil 연수
現, sous le gui 운영

인스타그램 https://www.instagram.com/souslegui
블로그 https://blog.naver.com/souslegui

어바웃 슈

ABOUT CHOUX

PROLOGUE

ABOUT CHOUX

차곡차곡 쌓은 **오답노트**

어렸을 적 용돈으로 받은 동전들을 차곡차곡 모아 제가 제일 먼저 달려간 곳은 제과점이었습니다. 1,000원에 10개쯤 했을까요? 봉지 한 가득 담긴 베이비 슈를 받아들고는 세상에서 가장 행복한 아이가 되어 집으로 돌아갔던 추억이 아직도 생생합니다. 그러던 어느 날, 집에 가스 오븐이 생겼고 어머니가 보시던 요리책을 뒤적여 첫 번째로 만들어 본 것도 바로 슈였습니다. 물론 대차게 실패했지만요. 폭삭 주저앉은 못생긴 슈를 보며 슬퍼하는 저에게 그마저도 맛있다며 위로를 건넨 가족들도 기억납니다.

저에게 슈는 가장 좋아하는 디저트이자 가장 잘 만들고 싶은 디저트이고, 그만큼 많은 시간 동안 고민하고 함께한 디저트입니다.
슈 반죽은 여러 제과 반죽 중에서도 성공하기가 꽤 까다로운 반죽 중 하나지요. 수많은 실패와 여러 가지 테스트를 거듭하며 쌓아 온 저만의 오답 노트를 이 책 안에 꼼꼼히 정리했습니다. 또한 슈 반죽을 베이스로 하는 에클레르, 생토노레, 파리 브레스트 등 다양한 슈 디저트 레시피와 저만의 상상이 더해진 슈 디저트도 공개합니다.

이 책이 슈를 만들어 보고 싶은 제과 입문자들에게 좋은 밑거름이 되길 기대합니다. 더불어 저와 같이 수많은 시도를 했지만 아직 슈에 대한 해답을 찾지 못한 분들께는 지름길 같은 책이 되길 바랍니다. 무엇보다 디저트를 사랑하는 모든 분들께 작은 영감의 씨앗을 심는 책이 되길 희망합니다.

긴 시간 이 책을 준비하며, 많은 도움을 주신 비앤씨월드와 든든히 제 옆을 지켜 준 소영에게 진심으로 감사를 드립니다. 또 어린 시절부터 부엌의 따뜻한 온기를 가르쳐 주신 부모님과 언제나 저의 꿈을 지지하고 응원해 주는 남편에게 사랑과 감사의 마음을 전합니다.

수르기 **권주원**

CONTENTS

1

CHOUX

BASICS OF CHOUX
슈의 기본

CHOUX

CHOUX À LA CRÈME
슈 아 라 크렘

CHOUX

ÉCLAIR
에클레르

4
CHOUX
SAINT-
HONORÉ
생토노레

5
CHOUX
PARIS-
BREST
파리 브레스트

6
CHOUX
BLOCK
CHOUX
블록 슈

7
CHOUX
EVENT &
SAVORY
CHOUX
이벤트 & 세이버리 슈

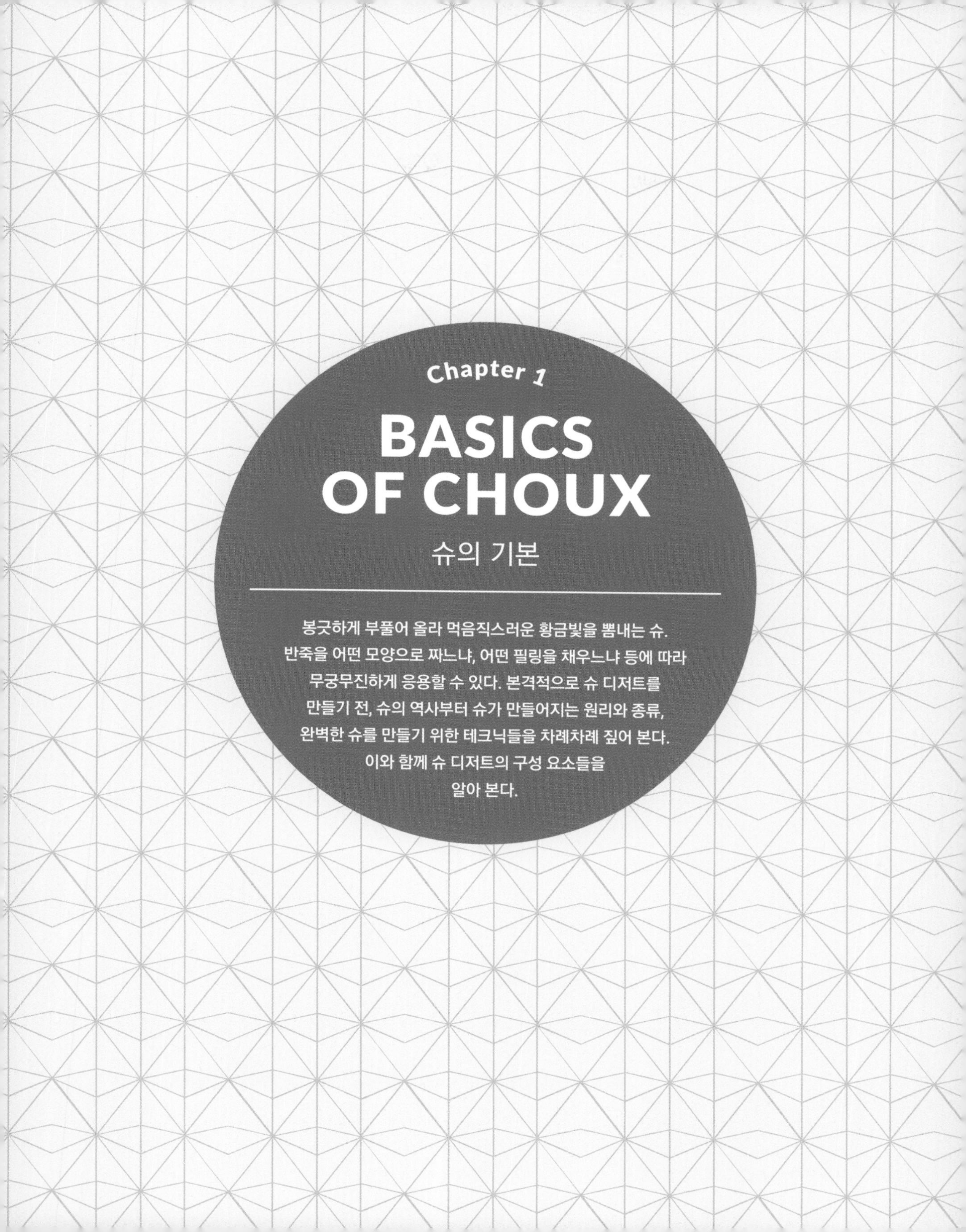

Chapter 1

BASICS OF CHOUX

슈의 기본

봉긋하게 부풀어 올라 먹음직스러운 황금빛을 뽐내는 슈.
반죽을 어떤 모양으로 짜느냐, 어떤 필링을 채우느냐 등에 따라
무궁무진하게 응용할 수 있다. 본격적으로 슈 디저트를
만들기 전, 슈의 역사부터 슈가 만들어지는 원리와 종류,
완벽한 슈를 만들기 위한 테크닉들을 차례차례 짚어 본다.
이와 함께 슈 디저트의 구성 요소들을
알아 본다.

슈의 기본

CHOUX
BASIC 1

슈 반죽의 탄생

슈 반죽은 수많은 과자 반죽 중에서도 대분류 속에 들어갈 만큼 존재감이 크다. 먼저 '슈'라는 이름은 오븐에서 부풀어 오른 모습이 마치 '양배추(Chou)'와 같다고 하여 붙여졌다. 다수의 양과자 연구가들은 슈 반죽의 탄생을 16세기로 보고 있다. 1533년 이탈리아 메디치가의 카트린 드 메디시스가 프랑스의 앙리 2세와 결혼하며 데리고 간 수석 요리사 포펠리니(Popelini)로부터 시작됐다는 것이다. 당시 포펠리니는 반죽을 반쯤 구워 반으로 자른 다음 안에 필링을 채우는 '브뤼마세(Bruhmasse)' 제법을 터득하고 있었는데 이는 오늘날 우리가 알고 있는 슈와 매우 가까운 형태라 할 수 있다. 하지만 16세기에는 오븐이 발달하지 않았고 짤주머니와 같은 도구도 없어 '베녜 수플레(Beignet Soufflé)'와 같이 튀긴 형태로 만드는 것이 일반적이었다. 이후 17세기 『르 파티시에 프랑수아(Le Pâtissier François)』라는 책에 '슈'라는 이름의 과자가 등장하며 루(roux) 상태의 반죽을 기름에 튀길 뿐 아니라 오븐에 넣어 굽는 방법을 썼다는 것을 확인할 수 있다. 18세기에는 부재료 없이 슈 그 자체를 즐겨 먹었으며 19세기 초에는 프랑스 대표 파티시에 장 아비스(Jean Avice)가 현대의 슈 반죽을 완성했다. 그 후 그의 제자이자 프랑스의 천재 파티시에 마리 앙투안 카렘(Marie-Antoine Carême)이 슈 안에 부드러운 크림을 채운 '슈 아 라 크렘(Choux à la Crème)'의 배합표를 공개하며 슈는 오늘날까지 수많은 셰프들의 손을 거쳐 진화해 오고 있다.

슈의 구조와 원리

슈 반죽은 수분 함량이 높은 반죽에 속한다. 반죽 속의 수분은 오븐 안에서 100℃ 이상으로 가열돼 수증기로 변하고 이 증기가 팽창되는 힘으로 반죽 안쪽이 부풀면서 풍선 모양의 슈가 완성된다. 충분히 예쁘게 부푼 슈를 만들기 위해서는 반죽에 밀가루를 넣고 열을 가하는 과정을 통해 밀가루 속 전분을 충분히 호화*시켜야 하며 그 후 달걀을 넣어 유화*시키는 작업이 매우 중요하다.

NOTE

* **호화**: 녹말에 물을 더하고 열을 가하면 녹말은 물을 흡수하면서 부푼다. 이때 점성이 증가하고 전체가 반투명한 풀처럼 걸쭉해 지는데 이와 같은 현상을 가리켜 호화라 한다.
* **유화**: 액체를 혼합할 때 한쪽 액체가 미세한 입자가 되어 다른 액체 속에 분산되는 현상이다. 유화는 그대로 두면 상태가 불안정하여 다시 두 액체로 분리된다. 이것을 안정시키기 위해 첨가하는 물질이 바로 유화제. 유화성을 갖는 물질에는 지방산, 고급 알코올, 인지질, 검류(아라비아 검), 단백질 등이 있다. 천연물 중에서는 달걀에 유화성이 있으며 흰자의 단백질 성분인 알부민, 노른자의 인지질 성분인 레시틴이 그 역할을 한다.

CHOUX
BASIC 3
슈 디저트의 종류

슈케트 CHOUQUETTE

프랑스어로 '작은 슈'라는 의미. 윗면에 우박 설탕이나 아몬드 분태를 뿌려 구운 슈로, 안에 크림을 채우지 않는 게 가장 큰 특징이다.

구성 슈 반죽 + 우박 설탕 또는 아몬드 분태

슈 아 라 크렘 CHOUX À LA CRÈME

가장 기본적인 슈 디저트다. 슈 안에 파티시에 크림 또는 샹티이 크림을 넣어 만들며, 윗면에 비스킷 반죽을 토핑으로 얹어 굽기도 한다.

구성 슈 반죽 + 파티시에 크림 또는 샹티이 크림

에클레르 ÉCLAIR

길쭉한 모양의 슈 안에 각종 크림을 채우고 윗면에 퐁당 아이싱을 입혀 만든다. 에클레르라는 명칭은 번개(Éclair)가 치는 듯 순식간에 먹어치운다 하여 붙여졌다.

구성 슈 반죽 + 파티시에 크림 + 퐁당

생토노레 SAINT-HONORÉ

파리 생토노레 거리(Rue Saint-Honoré)에서 과자점을 운영한 시부스트(Chiboust)라는 셰프가 만들었다고 전해진다. 파이 반죽에 캐러멜을 입힌 슈를 올리고 시부스트 크림, 샹티이 크림으로 장식해 만든다.

구성 파이 반죽 + 슈 반죽 + 시부스트 크림 + 샹티이 크림 + 캐러멜

파리 브레스트 PARIS-BREST

파리에서 프랑스 북서부 브르타뉴 지방의 브레스트까지 왕복하는 '파리-브레스트 자전거 경주'를 기념하고자 만들어졌다. 자전거 바퀴 모양을 본뜬 링 모양의 슈 디저트로 아몬드 슬라이스를 뿌려 구운 슈를 반으로 잘라 그 사이에 견과류로 맛을 낸 무슬린 크림을 채워 완성한다.

구성 슈 반죽 + 아몬드 슬라이스 + 무슬린 크림

릴리지외즈 RELIGIEUSE

크기가 다른 두 개의 슈를 쌓아 만든다. 윗부분에는 흰 퐁당을, 아랫부분에는 초콜릿 퐁당을 입혀 수녀의 흰 두건과 검은색 옷을 형상화한 것이 전통적인 를리지외즈의 모습이다. 슈 속에 초콜릿이나 커피 풍미의 파티시에 크림을 채우고 겉면을 버터 크림으로 장식하는 것이 일반적.

구성 슈 반죽 + 파티시에 크림 + 퐁당 + 버터 크림(또는 샹티이 크림)

살랑보 SALAMBO

타원형 슈에 크림을 채우고 캐러멜을 입힌 슈 디저트. 19세기 유럽에서는 오페라나 소설에서 영감을 얻어 만든 디저트가 많았는데 살랑보 또한 1862년 발표된 귀스타브 플로베르의 역사 소설에서 유래되었다고 한다.

구성 슈 반죽 + 파티시에 크림 + 캐러멜

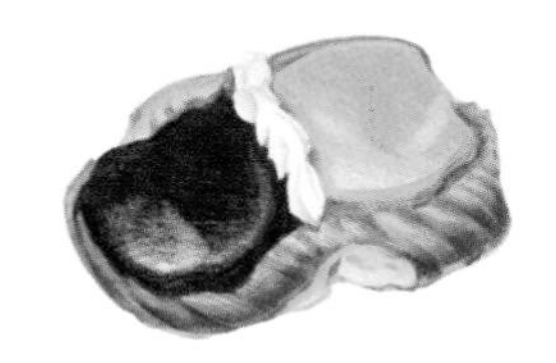

디보르세 DIVORCÉ

'이혼한', '헤어진'이라는 뜻을 지닌 슈 디저트 디보르세는 슈 반죽을 원형으로 두 개 이어 짜 구운 다음 안에 서로 다른 맛의 크림을 채우고 윗면에 퐁당 아이싱, 버터 크림을 장식해 만든다.

구성 슈 반죽 + 파티시에 크림 + 퐁당 + 버터 크림

글랑 GLAND

도토리 모양의 슈 안에 크림을 채우고 윗면에 연두색 퐁당 아이싱과 초콜릿 스프링클을 장식한 슈 디저트다. 슈 안에는 체리 리큐르로 향을 낸 파티시에 크림을 채운다.

구성 슈 반죽 + 파티시에 크림(+체리 리큐르) + 퐁당 + 초콜릿 스프링클

크로캉 부슈 CROQUEMBOUCHE

'입 안에서 바삭거리다'라는 뜻을 가지고 있다. 크림을 채우고 캐러멜을 입힌 작은 슈들을 원뿔 모양으로 쌓아 올려 만든 슈 케이크로 결혼식이나 크리스마스 같은 행사에 활용된다.

구성 슈 반죽 + 파티시에 크림 + 캐러멜

프로피테롤 PROFITEROLE

아이스크림을 채운 작은 슈에 따뜻한 초콜릿 소스를 뿌려 먹는 형태다. 짭조름한 맛의 필링을 넣은 프로피테롤은 전채 요리나 크루통처럼 수프에 곁들여 먹기도 한다.

구성 슈 반죽 + 아이스크림 + 초콜릿 소스

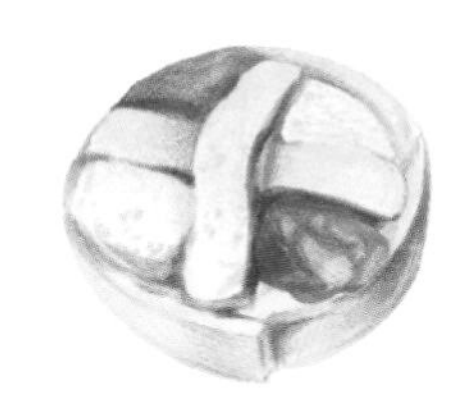

기타 ETC

백조 모양을 한 시뉴(Cygne), 슈의 겉면에 퓌이타주 반죽을 십자 모양으로 교차시킨 퐁네프(Pont-Neuf), 기름에 튀긴 페드논(Pets-de-nonne), 끓여서 요리처럼 먹는 뇨키(Gnocchi) 등 여러 형태의 슈가 존재한다.

슈의 재료와 도구

CHOUX
INGREDIENTS
주재료

밀가루

단백질의 함량에 따라 강력분, 중력분, 박력분으로 구분된다. 제과에는 주로 가벼운 식감이 나는 박력분이 사용되지만 슈에서는 중력분을 많이 사용한다.

달걀

크림 또는 반죽 안에서 수분과 지방을 유화시키는 역할을 하며 나아가 오븐에서 반죽의 구조를 단단하게 만드는 역할을 한다. 보통 노른자 20g, 흰자 40g으로 이루어진 왕란을 사용한다.

설탕

원재료와 제조법, 입자의 크기 등에 따라 백설탕, 황설탕, 흑설탕, 슈거파우더, 우박설탕 등 다양한 종류로 나뉜다. 제과의 가장 핵심적인 재료 중 하나로 제품의 볼륨, 식감, 색, 맛 등 전방위에 영향을 미친다.

소금

반죽에 소량 첨가하면 단맛을 한층 북돋우고 재료 간 맛의 균형을 조절하는 역할을 한다. 이 책에서는 부드러운 짠맛과 감칠맛이 특징인 프랑스 게랑드 지역의 '플뢰르 드 셀'을 사용했다.

우유

슈 반죽과 다양한 크림을 만들 때 사용한다. 제품에 풍미를 더해 주며, 반죽에 사용하면 우유에 포함된 단백질과 유당이 메일라드 반응(갈색화 반응)을 촉진시켜 짙은 색을 내는 데 도움을 준다. 최근에는 일반 우유 외에도 저지방, 락토 프리 등 다양한 종류의 우유들을 시중에서 쉽게 구할 수 있다. 이 책에서는 주로 일반 우유를 사용했다.

생크림

식물성 생크림, 동물성 생크림, 휘핑크림 등 다양한 종류가 있으나 식물성 기름이 포함된 식물성 생크림보다는 유지방 38% 이상의 동물성 생크림을 추천한다. 다양한 크림류의 베이스 재료가 되고 가볍고 산뜻한 샹티이 크림을 만들 때 쓰인다.

버터

버터는 천연 버터와 가공 버터, 무염 버터와 가염 버터, 발효 버터와 비발효 버터 등으로 나뉜다. 유지방 함량이 80% 이상인 천연 버터를 사용하는 것이 좋으며 소금이 함유되지 않은 무염 버터를 선택한다. 발효 버터는 특유의 향과 맛이 있으므로 기호에 따라 선택한다. 버터는 기본적으로 냉동고에서 보관하며, 사용 후 남은 버터는 공기에 접촉되지 않도록 밀폐하여 가급적 빠른 시일 내에 사용한다.

백설
BEKSUL
WHEAT 100 %
19년 연속 대한민국 1등 기업
박력 밀가루
과자, 케이크용 밀가루
SOFT FLOUR
밀 100 %
1 kg(3550 kcal)
HACCP
LESCURE
DEPUIS 1884
CRÈME
ENTIÈRE
35 %
WHIPPING CREAM
Produced in France
Le Paludier de Guérande
Fleur de Sel
Anchor
Butter
Pure
New Zealand
Butter

CHOUX
INGREDIENTS
부재료

과일

제철에 나오는 신선한 과일을 선택한다. 과일을 선택할 때는 후숙이 필요한 경우를 제외하고는 수확한 직후 신선한 상태의 과일을 고르는 것이 좋다. 특히, 콩포트에 사용할 과일의 경우 과육이 무르지 않고 단단한 과일을 선택해야 식감을 살릴 수 있다.

퓌레

퓌레는 생과일과 달리 항상 일정한 맛을 낼 수 있다는 점과 바로 쓸 수 있다는 편의성이 있어 제과에 두루 사용된다. 시중의 어느 브랜드를 선택해도 무관하나 이 책에서는 브와롱과 선인 제품을 사용했다. 퓌레마다 가당의 정도가 다를 수 있으므로 책에 표기된 퓌레의 당도를 확인한 후 비교하여 구매할 것을 권한다. 퓌레는 냉동고에서 보관하며 개봉 시 가능한 빨리 소진하는 것이 좋다.

초콜릿

다크, 밀크, 화이트초콜릿으로 나뉘며 최근에는 블론드, 루비, 골드 등 다양한 맛과 향을 첨가한 초콜릿 제품이 출시되고 있다. 같은 다크초콜릿이라고 하더라도 카카오와 카카오버터의 함량에 따라 그 풍미가 확연히 달라지므로 함께 사용하는 재료와 어울리는 초콜릿을 선택하는 것이 관건이다. 이 책에서는 발로나와 칼리바우트 제품을 주로 사용했다.

리큐르

증류주, 브랜디, 럼, 과일 리큐르 등이 있다. 제품에 사용하는 주재료와 어울리는 리큐르를 소량 첨가하면 향이 한층 풍성해지며 보관 기간도 길어진다. 가까운 주류 상점이나 전문업체를 통해 구매할 수 있다.

바닐라 빈

풍부하고 달콤한 향이 나 제과에서 잡내를 제거하는 용도로 많이 쓰인다. 품종과 원산지에 따라 다른 특징이 있으므로 취향에 따라 선택한다. 타히티산(産)은 잘 익은 과일과 꽃 향기가, 마다가스카르산(産)은 달콤하고 진한 크림 향이 특징이다.

견과류

견과류는 보통 헤이즐넛, 호두, 피칸, 밤처럼 단단한 껍질이 속 알맹이를 감싸고 있는 형태와 아몬드, 마카다미아, 땅콩, 잣, 참깨, 해바라기 씨 등과 같은 씨앗까지를 포함한다. 그 자체로 구워 제과에 사용하거나, 지방 함량이 높은 견과류의 특성에 따라 곱게 분쇄해 페이스트나 프랄리네로 만들어 활용한다.

치즈

치즈는 원산지나 가공하는 방법에 따라 수많은 종류로 나뉜다. 제과에는 마스카르포네, 프로마주 블랑 등의 생치즈가 주로 사용된다. 구제르를 만들 때 사용되는 콩테 치즈는 우유를 가열하고 압착해 오랜 시간 숙성시킨 하드 치즈에 속한다.

boiron
FRAMBOISE
RASPBERRY
boiron
POIRE
PEAR
boiron
POMME VERTE
GREEN APPLE
TATUA
1Kg
NET
Isigny Ste Mère
Spécialité laitière
au Fromage
Blanc
DE NORMANDIE-FRANCE
CALVADOS
BARON
DE LA TOUQUE
COMTÉ
CREME
DE PECHES
Paul Rouvière
Dijon
70 cl
18%

오븐용 매트

유산지, 실리콘 매트, 테프론 시트, 타공 매트 등 여러 종류가 있으며 용도에 맞게 선택한다. 실리콘 매트와 테프론 시트를 사용해 반죽을 구우면 떼어 낼 때 들러붙지 않고 매끈하게 잘 떨어지는 장점이 있다. 타공 매트는 매트 전반에 미세한 구멍이 뚫려 있는데, 이는 반죽과 매트 사이의 공기 흐름을 원활하게 해 반죽이 과도하게 부풀지 않고 안정적으로 구워질 수 있게 돕는다.

실리콘 몰드

실리콘 재질로 만들어진 몰드. -60~230℃의 온도에서 사용할 수 있어 응용의 폭이 아주 넓다. 크림이나 반죽을 굳히거나 구울 때 사용한다. 특히, 크림, 가나슈, 쿨리 등을 넣어 원하는 모양으로 굳힐 수 있으며 분리도 쉬워 매끄러운 결과물을 얻을 수 있다. 대표적인 브랜드로 파보니(Pavoni)와 실리코마트(Silikomart)가 있다.

팬 & 무스 틀

철, 알루미늄 등의 재질로 만들어졌으며 원하는 모양의 반죽을 굽거나 무스 등을 굳히는 데 사용한다. 무스 틀은 반죽을 자를 때에도 활용할 수 있다.

모양깍지 & 짤주머니

원형, 별 모양, 一자 모양 등 다양한 형태의 모양깍지가 있으며 만들고자 하는 형태에 맞게 깍지를 선택해 사용한다. 짤주머니는 일회용 비닐 짤주머니를 사용하는 것이 위생적이며 용도와 양에 맞게 크기를 선택해 쓴다.

스패튤러

크림이나 반죽, 초콜릿 등을 넓게 펼치거나 평평하게 정리할 때, 무스 등을 옮길 때 사용한다. 손잡이와 날이 수평인 것과 날이 L자로 꺾인 것, 두 가지 종류가 있다.

실리콘 주걱 & 내열 플라스틱 주걱 & 거품기

재료를 섞거나 떠 올릴 때 사용하며 일반적으로 부드러운 크림 작업에는 실리콘 주걱을, 되고 뻑뻑한 텍스처의 반죽 등을 다룰 때는 단단한 내열 플라스틱 주걱을, 공기를 포집해야 할 때는 거품기를 사용한다.

스크레이퍼

카드라고도 불리며 플라스틱 재질로 만들어졌다. 평평한 부분과 둥근 부분으로 이루어져 반죽을 혼합할 때, 볼 안의 반죽을 깨끗이 긁어낼 때, 반죽이나 크림을 떠 짤주머니에 넣을 때, 반죽을 분할할 때 사용한다.

스탠드믹서 & 핸드믹서

속도를 미세하게 조절할 수 있어 반죽이나 휘핑, 믹싱 작업에 유용하게 쓰인다. 용도에 맞게 훅(제빵 반죽), 비터(제과 반죽), 위스크(휘핑) 등의 툴을 끼워 작동시키는데 양이 적을 때는 핸드믹서를, 양이 많을 때는 스탠드믹서를 사용하면 된다. 핸드믹서를 사용할 때는 볼에 핸드믹서의 날개 부분이 부딪히지 않도록 주의하며 작업한다.

핸드블렌더

바 믹서라고도 한다. 유화 작업과 믹싱 작업에 필요한 도구로, 작업을 할 때 튀는 현상이 적은 것을 구매하는 것이 좋다. 유화 작업에 사용할 때는 공기가 과도하게 들어가지 않도록 블렌더의 날을 재료 속에 완전히 담가 작동시킨다.

푸드프로세서

재료를 간편하게 분쇄하거나 믹싱할 수 있다. 크라클랭, 사블레 등의 반죽을 만들 때, 견과류 페이스트나 프랄리네 등을 만들 때 유용하다.

냄비

만드는 양에 따라 알맞은 크기의 냄비를 선택하는 것이 중요하다. 크림이나 반죽의 경우 냄비의 1/2 이하로, 콩포트의 경우 1/3 이하로 내용물이 차도록 크기를 선택하는 것이 좋다. 또 두께가 삼중 이상 되는 냄비를 사용해야 열이 고르게 전달될 수 있다.

온도계

비접촉식 적외선 온도계와 접촉식 디지털 온도계가 있다. 비접촉식 적외선 온도계는 표면의 온도를 빠르게 잴 수 있지만 정확성이 다소 떨어지므로 정확한 온도를 측정해야 하는 경우에는 접촉식 디지털 온도계를 사용하는 것이 좋다.

robot coupe
Blixer 4
4,5 L
ARTISAN
BRAUN
DIGITAL THERMOMETER

주재료의 역할

CHOUX
ROLE 1
밀가루와 수분의 역할

전분과 수분의 만남

슈 반죽을 다른 반죽과 비교했을 때 두드러지게 보이는 차이점은 끓는 액체 재료에 밀가루를 넣고 섞는다는 것이다. 밀가루의 약 70%를 차지하는 전분 입자는 열과 수분을 흡수하면서 부드러워지고 점성을 띠게 되는데 이 현상을 '호화'라고 한다. 뜨거운 물에서 호화 작용이 더 빠르고 원활하기 때문에 끓는 액체 혼합물에 밀가루를 넣는 것이다. 이후 다시 가열하여 볶는 작업을 하는데 이를 '데세셰(dessécher)'라고 부른다. 데세셰 작업을 하는 이유 또한 전분의 호화를 촉진시키기 위해서다. 끓인 액체 혼합물을 불에서 내려 밀가루를 넣고 섞는 동안 온도가 떨어지기 때문에 다시 가열해 호화를 빨리 일으키려는 것. 이때 냄비 바닥에 얇은 막이 생길 때까지* 데세셰를 하는데 적당한 시점까지 데세셰를 잘하면 이상적인 크기와 두께를 갖춘 슈를 완성할 수 있다.

단백질과 수분의 만남

슈 반죽을 만드는 과정에서 밀가루의 약 10%를 차지하는 단백질 성분은 수분과 만나 글루텐을 형성한다. 적당히 형성된 글루텐은 슈 반죽에 점성을 띠게 하고 부푼 모양을 유지시켜 준다. 슈 반죽에 적당한 글루텐을 형성시키기 위한 최적의 단백질 양은 10~11%. 따라서 단백질 함량이 6~8%인 박력분보다는 8~10%인 중력분을 사용하는 것이 더 적합하다. 프랑스 밀가루*를 사용한다면 T45 혹은 T55를 사용하면 된다.

NOTE

*** 냄비에 얇은 막이 생기는 시점이란?**

냄비에 얇은 막이 생기는 시점은 사용하는 냄비에 따라, 화력에 따라 달라질 수 있다. 두꺼운 냄비일수록, 화력이 낮을수록 전분의 호화 정도와 상관없이 막이 더디게 형성된다. 반대로 얇은 냄비일수록, 화력이 높을수록 아직 호화가 충분히 이뤄지지 않아도 얇은 막이 생길 수 있다. 정확하게 시점을 판단하기 어렵다면 온도계로 반죽의 온도를 재 반죽의 중심 온도가 80℃ 내외일 때 작업을 멈추면 된다. 이밖에도 눈으로 확인 가능한 방법은 반죽 표면의 수분이 날아가 윤기가 줄었는지, 반죽이 한 덩어리로 뭉치기 시작했는지를 보면 된다. 냄비 손잡이를 잡고 흔들었을 때 반죽이 한 덩어리로 뭉쳐져 움직이기 시작한다면 다음 과정으로 넘어가도 좋다. 단, 이는 반죽의 양이 적을 때 사용할 수 있는 방법이니 참고한다.

데세셰 정도에 따른 차이

데세셰를 부족하게 한 반죽은 전분이 알맞게 호화되지 않아 슈 안쪽에 빈 공간을 충분히 만들지 못하고 슈의 크기가 작게 완성된다. 반대로 데세셰를 많이 한 반죽은 슈가 과도하게 부풀고 그에 따라 슈 껍질이 얇아져 표면 곳곳에 작은 구멍이 생긴다. 이러한 경우 크림을 충전했을 때 금방 습기를 먹어 축축해진다. 한편, 지나치게 데세셰를 진행한 반죽의 경우 반죽 안에 가둔 버터가 스며 나와 반죽 자체가 매끄럽게 만들어지지 않는다.

NOTE

*** 프랑스 밀가루 알아보기**

프랑스 밀가루는 단백질 함량으로 종류가 나누어지는 우리나라의 밀가루와 달리, 회분 함량에 따라 T45, T55, T65, T80, T110, T150 등으로 구분된다. 여기서 회분 함량이란 밀기울의 함량을 뜻하는데 이 숫자가 작을수록 더 정제된 밀이라는 의미이다. T150은 밀기울이 많이 함유된 통밀가루를 뜻하며 T45는 가장 많이 정제된 밀가루로 크루아상, 브리오슈 같은 비엔누아즈리에 적합하다. T55는 케이크나 구움과자 같은 파티스리에, T65는 바게트나 캉파뉴 같은 하드 계열 빵에 많이 사용된다. T45나 T55 밀가루의 경우 단백질 함량이 보통 10~12% 사이인데, 밀이 나는 지역이나 브랜드에 따라 차이가 있을 수 있다. 이 책의 레시피에서는 프랑스 밀가루 T55를 주로 사용했다.

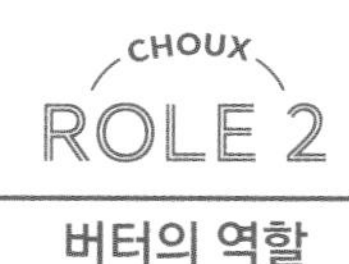

CHOUX ROLE 2 버터의 역할

버터는 밀가루의 글루텐이 물이나 달걀 등 다른 재료와 매끈하게 섞이게 해 식감을 좋게 하고 반죽을 부풀게 하며 잘 늘어나게 돕는다. 굽는 동안 버터에 함유된 유지가 반죽에 녹아들면서 슈 반죽의 온도를 더 높이는데, 이때 슈 반죽 안에서 수분의 기화가 급격하게 일어나 반죽이 더 잘 부푸는 것이다. 반면, 슈 반죽에 버터를 넣지 않으면 글루텐이 필요 이상으로 형성되고 전분이 강한 점성을 띠게 되면서 슈가 충분히 부풀지 못하게 된다.

CHOUX ROLE 3 달걀의 역할

달걀은 슈 반죽에 없어서는 안 될 필수 재료이다. 먼저, 수분 함량이 풍부한 달걀 흰자는 슈 반죽이 부풀면서 안쪽에 증기로 인해 생기는 빈 공간을 만드는 역할을 한다. 레시틴 등 유화제 성분을 함유한 노른자는 버터의 유지가 더 고르고 미세한 입자로 반죽에 분산될 수 있도록 돕는다. 이밖에도 달걀의 단백질은 슈 반죽이 익는 과정에서 응고되어 튼튼한 겉껍질을 형성하고 오븐에서 뺀 뒤에도 슈가 주저앉지 않게 한다.

CHOUX ROLE 4 우유, 소금, 설탕의 역할

슈 반죽은 물만을 사용해 만들어도 되지만 물의 일부를 우유로 대체했을 때 훨씬 반죽의 풍미가 좋아지고 먹음직스러운 구움색이 난다. 한편 소금과 설탕은 반죽의 간을 맞추는 동시에 보기 좋은 구움색을 내는 역할을 한다.

완벽한 슈를 위한 테크닉

CHOUX TECHNIQUE 1
밀가루 종류에 따른 차이

밀가루의 차이는 반죽에 들어가는 전분과 단백질 양의 차이라고 볼 수 있다. 강력분에서 박력분으로 갈수록 전분의 함량은 높아지고 단백질 함량은 줄어든다. 슈 반죽을 만들 때는 전분에 수분을 넣고 가열해 호화시키는 작업이 매우 중요한데 이때 전분이 호화되면서 반죽 안으로 끌어당긴 수분이 슈의 최종 볼륨을 결정짓게 된다. 전분을 비교적 많이 포함하고 있는 박력분을 사용해 만든 슈는 강력분을 사용한 것보다 크게 부풀어 가볍고 바삭한 식감이 난다. 반대로 강력분을 사용한 슈는 묵직하고 단단한 느낌이다. 미세한 차이지만 박력분으로 만든 슈가 강력분으로 만든 슈보다 색도 비교적 진하게 난다. 박력분을 사용한 슈는 윗면이 여러 방향으로 터지고 크게 부푸는 반면 강력분을 사용한 슈는 아랫면이 얇은 대신 윗면은 비교적 균일한 모양으로 부푼다.

따라서 슈 반죽을 만들 때는 강력분과 박력분의 장점은 취하고 단점을 보완하고자 중력분을 사용한다. 중력분으로 슈를 만들면 적당히 단단하고 바삭하며 전체적인 면이 고루 부푼다. 하지만 항상 중력분을 써야 하는 것은 아니다. 들어가는 크림이나 상황에 맞춰 슈 반죽에 사용할 밀가루를 선택하는 것이 좋다. 가벼운 식감의 슈 아 라 크렘을 만들고 싶다면 박력분을, 윗면이 터지지 않고 안정적인 에클레르를 만들고 싶다면 강력분을 선택하는 편이 낫다. 단, 강력분을 사용할 때는 전분 함량이 낮아 흡수하는 수분의 양이 적은 것을 고려해 분량의 수분 혹은 달걀 양을 조절해야 한다. 또한 겉면이 쉽게 부드러워지므로 오븐에서 굽는 시간을 늘려 수분을 충분히 날리고 건조시켜야 한다. 프랑스 밀가루 T45, T55는 준강력분으로 분류되는데, 중력분을 사용하는 것과 비슷한 결과물을 보이므로 참고한다.

달걀 양에 따른 차이

달걀 양에 따른 슈 완성품의 차이는 다른 재료에 의한 차이보다 더 확연하게 나타난다. 슈 반죽을 만드는 마지막 단계에서 달걀을 한 번에 넣지 않고 반죽의 농도를 보면서 조금씩 나누어 넣는 이유도 좋은 반죽을 완성하는 데 달걀의 양이 크게 영향을 끼치기 때문이다. 달걀은 반죽 안에서 여러 가지 역할을 맡고 있는데 그중 가장 큰 역할은 수분의 양을 맞추는 것이다. 달걀을 적게 넣은 반죽은 수분 양이 적어 되직하고 구웠을 때도 잘 부풀지 않아 안에 그물이 가득 찬 작은 크기의 슈로 완성된다. 달걀을 지나치게 많이 넣은 반죽은 반죽의 농도가 너무 묽어 짰을 때 모양을 유지하지 못하고, 구웠을 때도 옆으로 퍼져 주저앉는 경우가 많다.

따라서 슈 반죽을 만들 때에는 레시피에 적힌 달걀의 양을 그대로 다 넣지 말고 반죽의 되기를 보면서 넣는 양을 조절하도록 한다. 이렇게 슈 반죽을 만드는 마지막 단계에 달걀 양을 조절함으로써 그 이전 과정에서 있을 수 있었던 문제 사항들을 보완할 수 있다. 예를 들어 물과 우유 등의 수분 재료를 가열하는 과정에서 너무 오랜 시간 끓여 수분이 많이 날아간 경우, 달걀 양을 소량 추가함으로써 반죽의 부족한 수분 양을 보충할 수 있다. 또 데세셰를 지나치게 하거나 부족하게 해 반죽 안의 수분 양이 적당하지 않을 때에도 달걀 양을 조절해 해결할 수 있다.

CHOUX
TECHNIQUE 3
우유의 유무에 따른 차이

육안으로 확인할 수 있을 만큼 물을 동량의 우유로 대체하면 색이 더 진하게 난다. 물만 사용한 경우 색이 연하게 나고 부드러우면서 가벼운 텍스처의 슈가 완성된다. 우유만으로 만든 슈의 경우 풍미와 색이 더 진하게 나고 껍질의 구조가 촘촘해 질긴 느낌의 슈가 만들어진다. 우유의 비율이 너무 높으면 바삭함을 넘어 껍질이 질겨지므로 풍미를 위해 우유를 첨가할 경우 물과 우유의 비율은 1:1이 적당하다.

CHOUX
TECHNIQUE 4
소금&설탕 유무에 따른 차이

소금과 설탕은 반죽의 간을 맞추는 동시에 먹음직스러운 구움색을 띠게 해 주는 재료이다. 소금, 설탕을 넣지 않은 반죽은 맛이 밋밋하고 색도 잘 나지 않는다. 그렇지만 지나치게 많이 넣으면 오히려 구울 때 슈가 부푸는 것을 방해하는 요소가 되니 적정량을 사용하도록 주의한다.

오븐의 선택과 온도

오븐은 크게 데크 오븐과 컨벡션 오븐 두 가지 종류가 있다. 데크 오븐은 오븐의 상하부에 깔린 열선을 통해 열을 전달하는 구조이며, 컨벡션 오븐은 오븐 내부의 팬이 열을 순환시키는 방식이다. 결론적으로 말하자면, 슈에는 데크 오븐이 더 적합하다. 컨벡션 오븐으로 슈를 굽게 되면 충분히 부풀지 못한 상태의 슈 표면을 오븐 내부의 팬이 빠르게 건조시켜 반죽이 부풀면서 겉이 갈라지고 터지게 된다. 특히, 초보자들의 경우 컨벡션 오븐에서 슈를 구울 때 슈가 급격하게 부푼 모습을 보고 완성되었다고 착각하여 충분히 구워지지 않은 상태에서 오븐 밖으로 꺼내게 되는데, 이렇게 되면 슈가 나오자마자 주저앉아 버린다. 따라서 데크 오븐을 선택하는 것이 최상이지만 컨벡션 오븐을 가졌다고 하여 좌절할 필요는 없다. 오븐의 습도나 온도, 바람의 세기나 굽는 방법에 조금 더 주의를 기울이면 컨벡션 오븐으로도 충분히 완벽한 슈를 구울 수 있기 때문이다. 한편, 오븐의 종류에 따라 세팅하는 온도와 시간은 조금씩 달라질 수 있으므로 본격적으로 슈를 만들기 전 본인이 가지고 있는 오븐을 테스트해 그 특성을 제대로 파악하는 것이 중요하다.

세팅 온도

- 길이 13㎝, 폭 4㎝ 크기의 에클레르 기준

데크 오븐

윗불 190℃, 아랫불 200℃에서 5분 동안 굽다가 윗불 190℃, 아랫불 170℃로 오븐의 온도를 조절해 50분 동안 더 굽는다.

컨벡션 오븐

- **바람 조절 기능이 있는 경우**: 바람 기능을 끄고 160℃에서 35분 동안 굽다가 바람 기능을 켜고 170℃에서 15분 동안 더 굽는다.
- **바람 조절 기능이 없는 경우**: 230℃로 예열한 후 오븐을 끄고 25분 동안 건조시키다가 170℃로 오븐의 온도를 높여 25분 동안 더 굽는다.

오븐의 온도와 시간은 슈의 크기나 들어가는 팬의 개수에 따라 달라질 수 있다. 세부적인 온도와 시간은 각각의 레시피를 참고해 설정한다.

TIP

바람 조절 기능이 없는 컨벡션 오븐의 경우 대리석 판을 오븐에 넣고 예열한 다음 슈 반죽을 넣고 구우면 좋은 결과를 얻을 수 있다. 이렇게 하면 대리석 판이 오븐 안에서 데크 오븐과 같은 환경을 만들어주기 때문이다. 고온으로 뜨겁게 달궈진 대리석 판 위에 슈 반죽을 짠 철팬을 올리고 오븐을 끄면 팬이 돌지 않아 슈 겉면의 건조는 늦추고, 대리석 판의 열기로 슈를 부풀릴 수 있다.

CHOUX

TECHNIQUE 6

잘 만들어진 슈 반죽의 기준

잘 만들어진 슈 반죽은 매끄럽고 윤기가 나며 적당한 되직함을 보인다. 완성된 반죽은 보통 40℃ 전후인데 반죽이 담긴 볼을 손으로 만져 보았을 때 따뜻한 상태이며, 이를 기준으로 되기를 확인해야 정확하게 판단할 수 있다. 아무리 잘 만들어진 반죽이라도 차갑게 식어 버리면 전분의 점성이 증가해 제대로 된 되기인지 가늠하기 어렵다. 이상적인 반죽은 실리콘 주걱으로 떠 올렸을 때 흐르지 않고 V자 모양으로 늘어지는 모습을 보인다. 이밖에도 반죽에 주걱으로 ㅡ자 선을 그었을 때 움푹한 선이 완전히 사라지지 않고 폭이 좁아지면 반죽이 잘 만들어졌다고 볼 수 있다.

한편, 완성된 슈 반죽은 가능한 빨리 사용하는 것이 좋다. 시간이 흐르면서 반죽의 온도가 내려가고 건조되면 전분이 노화되어 구울 때 잘 부풀지 않을 수 있기 때문이다. 따라서 작업할 때 짤주머니에 넣고 남은 반죽은 표면에 랩을 밀착시켜 감싸거나 젖은 행주를 덮어 마르지 않도록 한다.

완성된 슈 반죽

V자 모양의 슈 반죽

ㅡ자 선이 유지되는 슈 반죽

반죽의 점도에 따른 차이

슈 반죽의 점도는 반죽 안에 포함된 수분의 양에 따라 결정된다. 반죽의 수분 함유량에 영향을 주는 요인으로는 물, 우유, 달걀과 같은 액체 재료 또는 재료의 온도, 반죽의 온도, 만드는 사람의 숙련도 등이 있다.

먼저, 슈를 만들기 전 모든 재료는 상온에 1시간 이상 두어 찬기를 없앤 다음 사용해야 한다. 차가운 상태의 버터를 물이나 우유와 함께 끓이면 수분은 끓는데 버터는 녹지 않는 경우가 발생한다. 이때 버터를 녹이기 위해 끓이는 시간을 늘리게 되면 그만큼 수분이 증발하게 된다. 따라서 버터는 작게 잘라 상온에서 보관해 부드러운 상태로 준비해야 한다. 또 액체 혼합물을 끓일 때 너무 많이 저으면 온도가 천천히 올라가 수분이 더 많이 날아가게 되므로 버터가 녹을 정도로만 가볍게 젓는 것이 좋다.

달걀은 잘 풀어 상온 상태로 준비한다. 차가운 달걀은 반죽의 온도를 급격히 떨어트려 점도를 증가시킨다. 달걀을 잘 풀어 준비하는 것은 반죽에 넣었을 때 빠르게 섞이게 하기 위함인데, 달걀을 풀 때는 거품이 많이 생기지 않도록 거품기보다는 핸드블렌더를 사용하는 것이 좋다. 반죽에 달걀을 넣을 때는 반죽의 되기를 중간중간 확인하며 조금씩 나누어 넣는다. 하지만 지나치게 조금씩 나누어 넣으면 그 과정에서 반죽의 온도가 계속 떨어져 점성이 증가하게 되므로 주의한다.

된 슈 반죽
잘 부풀지 않아 슈 안쪽에 빈 공간을 충분히 형성하지 못하고 크기가 작은 슈가 된다.

적당한 슈 반죽
고루 잘 부풀어 충분한 볼륨의 슈가 된다.

진 슈 반죽
높이가 낮고 옆으로 퍼진 슈가 된다.

슈 디저트의 구성 요소

슈 Choux

CHOUX
MAKING 1
슈 반죽
Pâte a Choux

물, 우유, 버터, 소금, 밀가루, 달걀 등을 주재료로 한 반죽. 먼저 냄비에 물, 우유, 버터, 소금 등을 함께 넣고 가열한 다음 밀가루를 넣어 호화시키고 여기에 푼 달걀을 조금씩 나누어 넣고 섞어 완성한다. 반죽을 짜는 모양, 슈 안에 채워 넣는 크림의 종류에 따라 다채롭게 응용이 가능하다.

재료

물 100g
우유 100g
버터 88g
소금 4g
설탕 4g
중력분 110g
달걀 185g

R

미리 준비하기

- 버터는 1㎝ 크기의 큐브 모양으로 잘라 상온에 보관한다.
- 중력분은 체 쳐 준비한다.
- 달걀은 멍울 없이 풀어 상온에 보관한다.

1 냄비에 물, 우유, 버터, 소금, 설탕을 넣고 중불에서 버터가 녹을 때까지 끓인다.
tip 버터가 녹기 전 물, 우유가 먼저 끓으면 수분이 증발해 완성된 반죽이 건조해질 수 있다. 따라서 작게 자른 버터를 미리 상온에 두어 부드러운 상태로 준비해 버터가 빠르게 녹을 수 있도록 한다.

2 불에서 내려 체 친 중력분을 넣고 섞는다.

3 다시 불에 올려 약불에서 냄비 바닥에 얇은 막이 생길 때까지 호화시킨다.
tip 반죽에 열기가 고루 닿을 수 있도록 내열 플라스틱 주걱으로 재빠르게 섞으면서 호화시킨다.

4 믹서볼에 옮겨 비터로 반죽이 약 60℃가 될 때까지 믹싱한 다음 푼 달걀을 조금씩 나누어 넣으며 믹싱한다.
tip 열기가 남아 있는 냄비에서 작업을 이어 하면 반죽이 계속해서 익을 수 있기 때문에 불에서 내려 즉시 믹서볼로 옮긴다.
tip 반죽을 식히지 않고 바로 달걀을 넣으면 자칫 달걀이 익어버릴 수 있으니 주의한다. 달걀을 넣고 믹싱할 때 반죽이 급격히 식는 것을 방지하기 위해 상온 상태의 달걀을 사용한다.

5 완성된 반죽.

보관법

- 완성된 반죽은 용도에 맞는 크기, 모양으로 실리콘 매트 위에 짠 다음 그대로 철팬 위에 얹어 급속 냉동하면 2주 동안 사용이 가능하다. 이렇게 냉동 보관한 반죽은 필요한 양만큼 꺼내 상온에서 15~20분 동안 자연 해동시킨 뒤 구워 사용한다. 이때 해동시킨 슈 반죽은 겉이 촉촉하게 윤기가 나는 상태여야 한다. 반죽의 겉이 마른 경우 분무기로 가볍게 물을 뿌려 굽는 것이 좋다.
- 구운 슈는 완전히 식힌 뒤 다른 냄새가 배지 않도록 밀봉해 냉동하면 2주에서 1개월 동안 사용할 수 있다. 구워 냉동 보관한 슈는 사용 직전, 철팬에 얹어 150℃로 예열한 오븐에서 3분 동안 구운 뒤 식혀 사용한다.

CHOUX
MAKING 2
형태에 따른 슈 반죽 팬닝 방법

원형 슈

1 지름 1cm 크기의 원형 깍지를 낀 짤주머니에 슈 반죽을 넣고 철팬에 지름 4cm 크기의 원형으로 짠다.

tip 지름 4cm 크기의 원형 커터에 밀가루를 묻혀 철팬에 미리 가이드 라인을 찍어 두면 반죽을 균일한 모양으로 짤 수 있다.

tip 적당한 크기의 크라클랭을 올려 함께 구우면 더 볼륨감 있고 매끈한 슈를 완성할 수 있다.

tip 슈 반죽을 지름 3cm 원형으로 짜 표면에 달걀물을 바른 다음 우박 설탕 또는 아몬드 분태를 뿌리고 160℃ 오븐에서 35분 동안 구우면 슈케트다. 이때 달걀물이 철팬에 떨어지면 슈 반죽이 부푸는 것을 방해할 수 있으므로 슈 반죽 표면에만 달걀물을 바르도록 한다.

파리 브레스트

1 에클레르 모양깍지(Matfer PF16)를 낀 짤주머니에 슈 반죽을 넣고 타공 매트를 깐 철팬에 지름 7cm 크기의 링 모양으로 짠다.

tip 지름 7cm 크기의 원형 커터에 밀가루를 묻혀 타공 매트에 미리 가이드 라인을 찍어 두면 반죽을 균일한 모양으로 짤 수 있다.

tip 슈 반죽이 바닥에 닿는 면적이 많아질수록 구웠을 때 바닥이 들뜨며 울퉁불퉁하게 구워질 수 있다. 타공 매트는 이러한 현상을 방지하고 평평하게 구워지도록 돕는다.

tip 적당한 크기의 크라클랭을 반죽 윗면에 올려 함께 구우면 더 볼륨감 있는 파리 브레스트를 완성할 수 있다.

에클레르

1 에클레르 모양깍지(Matfer PF16)를 낀 짤주머니에 슈 반죽을 넣고 철판에 길이 12㎝, 폭 3㎝ 크기의 막대 모양으로 짠다.
   tip 길이 12㎝, 폭 3㎝ 크기의 타원형 틀에 밀가루를 묻혀 철판에 미리 가이드 라인을 찍어 두면 반죽을 균일한 모양으로 짤 수 있다.

2 미크리오, 포도당을 차례대로 가볍게 뿌린다(p.88 참조).
   tip 반죽의 달걀 양 조절, 윗면의 미크리오, 포도당 처리, 오븐의 온도 조절 등을 통해 안정적이고 매끈한 에클레르를 완성할 수 있다.

블록 슈

1 지름 1㎝ 크기의 원형 깍지를 낀 짤주머니에 슈 반죽을 넣고 지름 5㎝, 높이 4.5㎝ 크기의 원통 모양 틀에 1/4 높이까지 반죽을 짜 넣는다.
   tip 틀 안쪽에 틀 크기에 맞게 자른 타공 매트를 미리 둘러 둔다.

2 윗면에 타공 매트, 철판을 차례대로 덮는다.
   tip 완성도 있는 블록 슈를 만들기 위해서는 슈 반죽의 달걀 양을 조절하고, 틀 안에 넣는 반죽의 양을 적절히 맞추는 것이 중요하다.

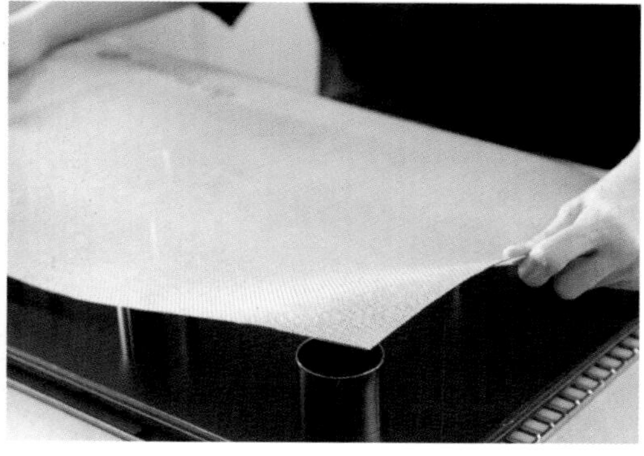

사블레 반죽
Pâte Sablé

차가운 상태의 버터를 박력분, 달걀 등과 함께 섞어 만드는 반죽이다. 반죽의 상태가 모래처럼 보슬보슬하다 하여 프랑스어로 모래를 뜻하는 사블레(sable)에서 이름을 따 왔다. 바삭한 식감의 타르트 셸을 만들고 싶을 때 사용한다.

미리 준비하기

- 버터는 1㎝ 크기의 큐브 모양으로 잘라 냉장고에 보관한다.
- 박력분, 아몬드파우더, 소금은 함께 체 친다.
- 달걀은 멍울 없이 풀어 상온에 보관한다.

재료

버터 84g
슈거파우더 45g
박력분 140g
아몬드파우더 17g
소금 2g
달걀 28g

1 믹서볼에 버터, 슈거파우더를 넣고 비터로 믹싱한다.
2 함께 체 친 박력분, 아몬드파우더, 소금을 넣고 믹싱한다.
3 달걀을 넣고 한 덩어리가 될 때까지 믹싱한다.
4 납작하게 눌러 편 다음 랩으로 감싸 냉장고에서 1시간 동안 휴지시킨다.
tip 완성된 반죽은 너무 부드러워 손과 바닥에 들러붙기 때문에 작업하기 어렵다. 따라서 냉장고에서 휴지시킨 뒤 사용하는 것이 좋다. 이때 반죽을 덩어리 상태 그대로 휴지시키면 단단하게 굳어져 후에 밀어 펴기가 어려우므로 납작하게 눌러 편 상태로 휴지시킨다.
5 휴지시킨 반죽을 0.2㎝ 두께로 밀어 편 뒤 지름 13㎝ 크기의 원형 커터로 자르고 다시 냉장고에 넣어 1시간 동안 휴지시킨다.
6 지름 9㎝ 크기의 세르클에 퐁사주한다.
tip 세르클 안쪽에 버터나 이형제(분량 외)를 미리 발라 둔다.
tip 세르클의 아랫면과 옆면이 만나는 모서리 부분이 들뜨지 않고 수직을 이루도록 꼼꼼히 작업한다. 이 부분이 밀착되지 않으면 구워지면서 옆면이 흘러내려 높이가 낮고 균일하지 않은 모양의 셀이 된다.
7 타공 매트를 깐 철팬에 일정한 간격으로 올린 후 냉장고에서 30분 이상 휴지시킨다.
tip 타공 매트를 사용하면 반죽 아랫면의 공기 흐름이 원활해져 반죽이 과도하게 부풀거나 들뜨는 현상을 막을 수 있다. 타공 매트가 없는 경우 반죽을 밀어 편 다음 고루 피케한다.
tip 냉장고에서 휴지시키지 않고 바로 구우면 부드러워진 반죽에 바로 열이 가해져 주저앉거나 균일하지 않은 모양으로 구워질 수 있다.
8 170℃ 오븐에서 15분 동안 굽는다.

2 3 4 5 6-1 6-2 8

보관법

반죽은 밀봉하여 냉장고에서 3일, 냉동고에서 1개월 동안 보관해 사용할 수 있다. 완성한 타르트 셸은 당일 사용한다.

속성 피이타주 반죽

Feuilletage Rapide

'피이타주 아 라 미뉘트(Feuilletage à la minute)'라고도 불리는 이 반죽은 속성 접이형 파이 반죽이다. 버터와 데트랑프를 따로 나눠 만드는 일반적인 피이타주 반죽과 달리 밀가루에 작게 자른 버터와 소금, 물을 넣고 대충 섞은 뒤 바로 밀어 펴 접는다. 이렇게 만들면 비교적 글루텐이 적게 생겨 휴지 시간이 단축되고 짧은 시간에 반죽을 완성할 수 있는 장점이 있다.

R

미리 준비하기

- 강력분, 박력분은 함께 체 친다.
- 버터는 2㎝ 크기의 큐브 모양으로 잘라 냉장고에 보관한다.
- 차가운 물에 소금을 녹여 준비한다.

재료

강력분 250g
박력분 250g
버터 420g
소금 12g
물 250g
슈거파우더 적당량

1 믹서볼에 함께 체 친 강력분과 박력분, 버터를 넣고 비터로 버터 겉면에 밀가루가 묻을 정도로만 가볍게 믹싱한다.
tip 버터 덩어리가 남아 있어도 괜찮으므로 너무 오래 믹싱해 버터가 녹지 않도록 주의한다.

2 소금을 녹인 차가운 물을 넣고 가볍게 믹싱한다.
tip 반죽에 수분이 없어지고 뭉쳐지기 시작할 때까지 믹싱한다.

3 반죽을 꺼내 손으로 뭉쳐 한 덩어리로 만든 다음 랩으로 감싸 냉장고에서 1시간 동안 휴지시킨다.

4 3절 접기를 3회 한 뒤 반죽을 4등분한다.
tip 밀고 접는 작업은 3절 접기 2회 → 3절 접기 1회로 나눠 진행하며 3절 접기 2회 후 냉장고에서 1시간 동안 휴지시킨 뒤 3절 접기 1회 한다.

5 4등분한 반죽을 각각 0.3㎝ 두께로 밀어 펴 피케한 후 냉동고에서 30분 동안 휴지시킨다.

6 180℃ 오븐에서 10분 동안 구운 다음 윗면에 철팬을 겹쳐 올려 20~30분 동안 더 굽는다.
tip 철팬을 올리면 반죽이 지나치게 부푸는 것을 방지할 수 있다.

7 겹쳐 올린 철팬을 빼고 윗면에 슈거파우더를 뿌려 220℃ 오븐에서 2~3분 동안 캐러멜화한 뒤 식힌다.

보관법

완성한 푀이타주 반죽은 냉장고에 보관하면 하루 동안 사용할 수 있다.

크림 Crème

파티시에 크림
Crème Pâtissière

제과에서 두루 활용되는 가장 기초적인 크림이다. 데운 우유를 달걀의 노른자, 설탕, 옥수수 전분이나 밀가루에 붓고 호화시켜 만든다. 다른 크림과 섞거나 부재료를 더해 무궁무진하게 응용할 수 있다.

미리 준비하기

- 바닐라 빈은 반으로 갈라 씨를 긁어내고 깍지와 함께 준비한다.
- 달걀의 노른자를 분리해 상온 상태로 준비한다.
- 옥수수 전분은 체 친다.
- 젤라틴 매스는 큐브 모양으로 자른다.
- 버터는 1㎝ 크기의 큐브 모양으로 잘라 상온에 보관한다.

재료

우유 360g
설탕A 38g
바닐라 빈 1개
노른자 45g
설탕B 38g
옥수수 전분 19g
젤라틴 매스* 21g
버터 120g

1 냄비에 우유, 설탕A, 바닐라 빈의 씨와 깍지를 넣고 끓기 직전까지 가열한다.
2 볼에 노른자, 설탕B, 옥수수 전분을 넣고 섞는다.
3 ①을 ②에 조금씩 나누어 넣으면서 섞는다.
4 체에 걸러 다시 냄비에 옮긴 후 중불에서 거품기로 섞어 가며 호화시킨다.
tip 크림이 끓으면서 점성이 강해지는 시점이 있는데 여기서 멈추지 않고 1~2분 정도 더 저어 가며 열을 가하면 크림이 풀어지면서 조금씩 묽어진다. 이는 전분 분자의 일부가 열에 의해 끊어지는 '브레이크 다운(Break Down)' 현상이 일어난 것. 이 상태까지 가열해야 식은 후에도 뻑뻑하지 않고 부드러운 상태의 크림이 된다.
5 불에서 내려 젤라틴 매스를 넣고 녹인다.
6 볼에 옮겨 45℃까지 식힌 다음 버터를 넣고 핸드블렌더로 믹싱한다.
tip 뜨거운 상태의 크림에 바로 버터를 넣으면 버터가 모두 녹아 유화시키기 어려우며 크림의 질감도 좋지 않게 된다. 반대로 크림을 차갑게 식혀 버터를 넣으면 버터가 잘 섞이지 않고 버터의 입자가 남아 질감이 거친 크림이 된다.
7 크림 표면에 랩을 밀착시켜 덮고 냉장고에서 12시간 이상 휴지시킨 뒤 사용한다.

보관법

완성한 파티시에 크림은 표면에 랩을 밀착시켜 감싼 다음 냉장고에 보관하며 3일까지 사용할 수 있다.

*** 젤라틴 매스 Gelatin Mass**

젤라틴과 물을 섞어 굳힌 것을 의미한다. 만드는 방법은 가루젤라틴에 젤라틴 양의 6배에 해당하는 따뜻한 물을 섞어 녹인 뒤 냉장고에서 굳힌다. 젤라틴을 미리 불려 놓은 것이기 때문에 자칫 젤라틴이 녹지 않아 덩어리지는 현상을 방지할 수 있다. 대량으로 만든 젤라틴 매스를 작은 큐브 모양으로 썰어 밀폐 용기에 넣고 냉장고에서 보관하면 사용할 때마다 간편하게 쓸 수 있다. 냉장고에서 보관한 젤라틴 매스는 일주일 동안 사용 가능하다.

재료 - 가루젤라틴(200bloom) 100g, 물 600g

1 볼에 가루젤라틴을 넣고 따뜻한 물을 부어 덩어리 없이 섞는다.
  tip 젤라틴의 블룸(Bloom)은 단단한 정도를 나타내는 단위다. 숫자가 높을수록 단단하게 굳는 젤라틴을 뜻한다.
  tip 매끄럽게 섞이지 않을 경우 전자레인지에 30초씩 데워 가며 완전히 녹인다.
2 용기에 담아 냉장고에서 굳힌 뒤 필요한 양만큼 잘라 사용한다.

CHOUX
MAKING 2
앙글레즈 크림
Crème Anglaise

파티시에 크림과 함께 제과에서 여러 가지로 응용되는 베이스 크림이다. 노른자와 설탕을 섞은 다음 우유를 넣고 가열해 만든다. 주로 바바루아, 무스, 또는 아이스크림을 만들 때 활용된다.

R

미리 준비하기

- 바닐라 빈은 반으로 갈라 씨를 긁어내고 깍지와 함께 준비한다.
- 달걀의 노른자를 분리해 상온 상태로 준비한다.

재료

우유 100g
생크림 100g
설탕A 50g
바닐라 빈 1개
노른자 67g
설탕B 38g

1 냄비에 우유, 생크림, 설탕A, 바닐라 빈의 씨와 깍지를 넣고 끓기 직전까지 가열한다.
2 볼에 노른자, 설탕B를 넣고 섞는다.
3 ②에 ①을 조금씩 나누어 넣으며 섞는다.
4 체에 걸러 다시 냄비에 옮긴 다음 약불에서 실리콘 주걱으로 저어 가며 83~85℃까지 가열한다.
5 불에서 내려 핸드블렌더로 믹싱해 크림을 완성한다.

1

3

4

5

보관법

완성한 앙글레즈 크림은 표면에 랩을 밀착시켜 감싼 후 냉장고에 보관하며 1일 안에 모두 사용하도록 한다.

디플로마트 크림
Crème Diplomate

파티시에 크림과 휘핑한 생크림을 2:1의 비율로 섞어 만드는 크림이다. 고소한 맛과 부드러운 텍스처가 특징이며 보형성이 좋아 장식, 샌드, 필링 크림으로 두루 사용한다.

미리 준비하기

- 생크림은 차가운 상태로 준비한다.

재료

파티시에 크림 400g
생크림 200g

1 볼에 파티시에 크림을 넣고 거품기로 부드럽게 푼다.
2 믹서볼에 생크림을 넣고 80%까지 휘핑한다.
3 ①에 ②를 2~3회에 걸쳐 나누어 넣고 섞는다.
tip 젤라틴을 넣지 않은 파티시에 크림에 휘핑한 생크림을 넣고 섞으면 레제르 크림(Crème Legere)이 된다.

1

2

3

보관법

완성한 디플로마트 크림은 표면에 랩을 밀착시켜 감싼 후 냉장고에 보관하며 1일 안에 모두 사용하도록 한다.

크레뫼
Crémeux

앙글레즈 크림에 버터나 초콜릿을 더해 만든다. 가나슈보다는 가볍고 무스나 바바루아보다는 무거운 텍스처로 입 안에서 녹아드는 식감이 특징이다. 주로 앙트르메, 프티 가토 등의 인서트 크림으로 사용한다.

재료

우유 200g
생크림 230g
설탕A 25g
노른자 70g
설탕B 25g
젤라틴 매스 49g
다크초콜릿 200g
버터 130g

미리 준비하기

- 달걀의 노른자를 분리해 상온 상태로 준비한다.
- 젤라틴 매스는 큐브 모양으로 자른다.
- 버터는 1㎝ 크기 큐브 모양으로 잘라 상온에 보관한다.

1 냄비에 우유, 생크림, 설탕A를 넣고 끓기 직전까지 가열한다.
2 볼에 노른자, 설탕B를 넣고 섞은 다음 ①을 조금씩 나누어 넣고 섞는다.
3 체에 걸러 다시 냄비에 옮긴 뒤 약불에서 83~85℃까지 저어 가며 가열한다.
4 불에서 내려 젤라틴 매스를 넣고 녹인다.
5 다크초콜릿에 붓고 핸드블렌더로 믹싱해 유화시킨다.
6 45℃까지 식혀 부드러운 상태의 버터를 넣고 핸드블렌더로 다시 믹싱한다.

2

4

5

보관법

완성한 크레뫼는 표면에 랩을 밀착시켜 감싼 후 냉장고에 보관하며 3일 안에 모두 사용하도록 한다.

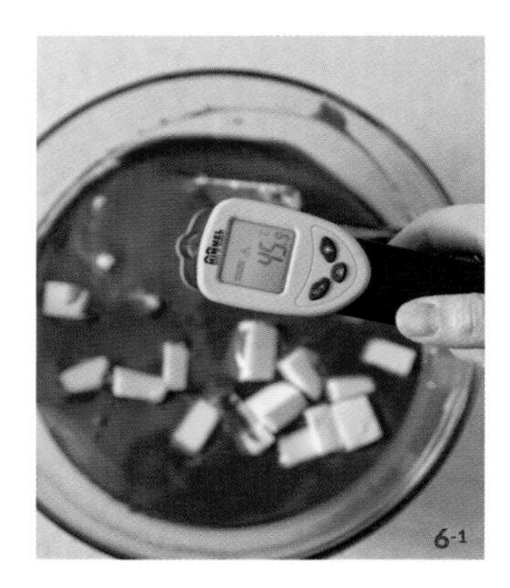
6-1

6-2

CHOUX

MAKING 5

이탈리안 머랭 버터 크림
Crème au Beurre à la Meringue Italienne

부드러운 상태의 버터에 이탈리안 머랭을 섞어 만드는 크림이다. 이탈리안 머랭을 넣은 버터 크림은 텍스처가 가벼워 산뜻한 과일류의 재료와 궁합이 잘 맞는다. 또한 보형성과 저장성이 좋아 다채롭게 활용할 수 있다.

미리 준비하기

- 버터는 상온에서 보관해 부드러운 상태로 만든다.

재료

물 55g
설탕 200g
흰자 100g
버터 400g

1 냄비에 물, 설탕을 넣고 118~120℃까지 끓인다.
2 믹서볼에 흰자를 넣고 80%까지 휘핑한다.
tip ①의 온도가 108~110℃일 때 휘핑을 시작한다.
3 ②에 ①을 조금씩 흘려 넣으며 고속으로 휘핑한 뒤 중속으로 속도를 낮춰 30℃가 될 때까지 휘핑하며 식힌다.
4 다른 믹서볼에 부드러운 상태의 버터를 넣고 푼 뒤 ③에 조금씩 나누어 넣고 믹싱한다.

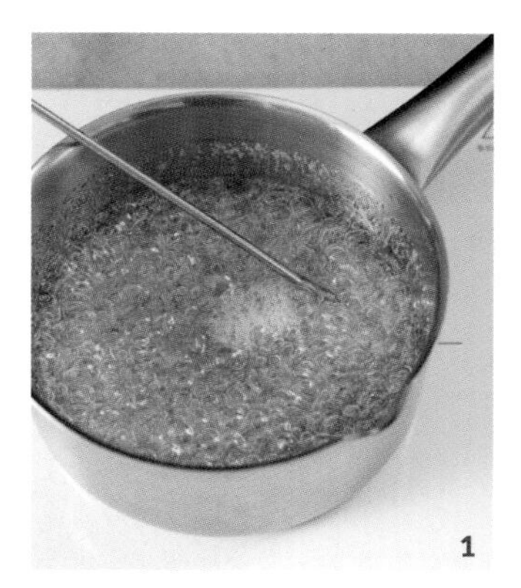
1

3

4

보관법

표면에 랩을 밀착시키고 감싸 냉장고 또는 냉동고에 보관한다. 냉장 보관하면 3일, 냉동 보관하면 2주 동안 보관할 수 있다. 냉동고에서 보관했다면 해동 후 상온에서 온도를 맞춘 후 휘핑해 사용한다.

CHOUX

MAKING 6

파트 아 봄브 버터 크림

Crème au Beurre à la Pâte à Bombe

휘핑한 노른자에 뜨거운 시럽을 넣고 섞어 파트 아 봄브를 만들고 여기에 부드러운 상태의 버터를 섞어 완성한다. 파트 아 봄브를 넣고 만든 버터 크림은 맛이 농후해 견과류, 초콜릿 등의 재료와 페어링하면 잘 어울린다.

R

미리 준비하기

- 버터는 상온에서 보관해 부드러운 상태로 만든다.

재료

노른자 100g
물 36g
설탕 134g
버터 290g

1 믹서볼에 노른자를 넣고 뽀얗게 될 때까지 고속으로 휘핑한다.
  tip 부피가 3배 될 때까지 휘핑하면 된다.
2 냄비에 물, 설탕을 넣고 118℃까지 끓인다.
3 ①에 ②를 조금씩 흘려 넣으며 30℃ 이하가 될 때까지 고속으로 휘핑한다(파트 아 봄브).
4 부드럽게 푼 버터를 나누어 넣으면서 믹싱한다.

1

3

4

보관법

표면에 랩을 밀착시켜 감싼 후 냉장고 또는 냉동고에 보관한다. 냉장 보관하면 3일, 냉동 보관하면 2주 안에 소진하도록 한다. 냉동 보관했을 때는 해동한 뒤 상온에 두었다가 부드럽게 휘핑해 사용하면 된다.

무슬린 크림
Crème Mousseline

파티시에 크림에 버터 또는 버터 크림을 섞은 크림이다. 버터 크림보다는 가볍고 파티시에 크림보다는 무거운 텍스처다. 프랄리네 등의 부재료를 첨가해 파리 브레스트의 샌드 크림으로 쓰인다.

재료

버터 100g
파티시에 크림 400g

R 미리 준비하기

- 버터는 상온에서 보관해 부드러운 상태로 만든다.

1 믹서볼에 버터를 넣고 위스크로 부드럽게 푼다.
2 부드러운 상태의 파티시에 크림을 넣고 믹싱한다.

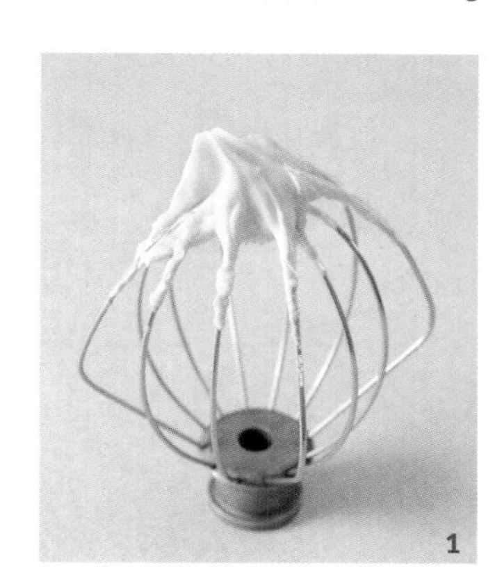
1

2-1

2-2

보관법

표면에 랩을 밀착시키고 감싸 냉장고에 보관한다. 냉장 보관한 무슬린 크림은 3일 안에 모두 사용하도록 한다.

CHOUX
MAKING 8
과일 크림
Crème aux Fruits

우유나 생크림 대신 과일 퓌레를 베이스로 만든 크림으로, 제법은 앙글레즈 크림과 비슷하다. 달걀의 비율이 높아 레몬, 패션프루츠, 체리, 산딸기 등과 같이 향이나 맛이 강한 과일과 잘 어울린다.

미리 준비하기

- 젤라틴 매스는 큐브 모양으로 자른다.
- 버터는 큐브 모양으로 자른 뒤 상온에서 보관해 부드러운 상태로 만든다.

재료

과일 퓌레 100g
설탕A 38g
달걀 132g
설탕B 38g
젤라틴 매스 35g
버터 200g

1 냄비에 과일 퓌레, 설탕A를 넣고 끓인다.
2 볼에 달걀, 설탕B를 넣고 거품기로 섞은 다음 ①을 조금씩 나누어 넣고 섞는다.
3 체에 걸러 냄비에 옮긴 뒤 중불에서 실리콘 주걱으로 저어 가며 68~75℃까지 가열한다.
tip. 과일마다 함유된 펙틴, 수분의 양이 다르기 때문에 과일의 종류에 따라 가열하는 온도를 결정하도록 한다.
4 젤라틴 매스를 넣고 녹인 후 볼에 옮겨 45℃까지 식힌다.
5 버터를 넣고 핸드블렌더로 믹싱한다.
6 표면에 랩을 밀착시키고 감싸 냉장고에서 12시간 이상 휴지시킨 다음 부드럽게 풀어 사용한다.

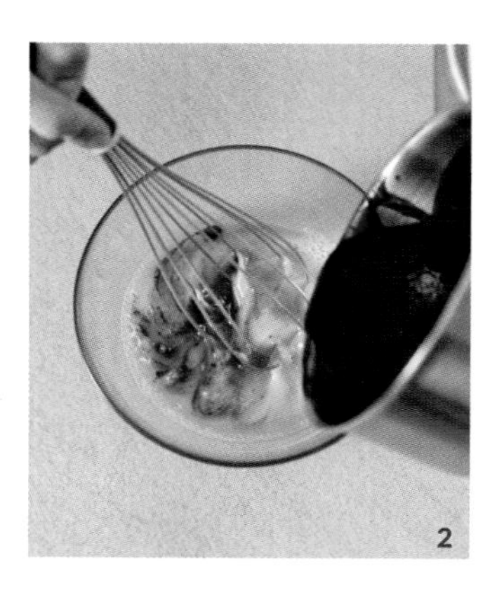
2

3

5

보관법

표면에 랩을 밀착시키고 감싸 냉장고에 보관한다. 보관한 크림은 3일 안에 모두 사용하도록 한다.

CHOUX MAKING 9

쿨리

Coulis

과일 퓌레에 젤라틴을 더해 굳힌 쿨리는 재료의 맛을 진하게 낼 수 있어 응용의 폭이 넓다. 입 안에서 부드럽게 녹아드는 텍스처가 특징으로 특정 맛을 강조하고 싶을 때 다른 크림과 함께 필링으로 사용하거나 토핑 등으로 활용해 포인트 요소로 쓴다.

R

미리 준비하기

- 젤라틴 매스는 큐브 모양으로 자른다.

재료

과일 퓌레 100g
설탕 10g
젤라틴 매스 14g

1 냄비에 과일 퓌레, 설탕을 넣고 끓인다.
2 젤라틴 매스를 넣고 녹인 다음 트레이에 부어 표면에 랩을 밀착시키고 감싸 냉장고에서 보관한다.

1

2

보관법

표면에 랩을 밀착시키고 감싸 냉장고에서 1주 동안 보관할 수 있다.

가나슈

Ganache

생크림과 초콜릿을 섞어 만드는 부드러운 텍스처의 크림. 초콜릿의 종류에 따라 또는 첨가하는 부재료에 따라 다양한 맛을 연출할 수 있는 것이 장점. 슈에 필링 크림으로 사용하면 보다 진한 초콜릿의 맛을 표현할 수 있다.

R

재료

생크림 200g
다크초콜릿 200g

1 냄비에 생크림을 넣고 80℃까지 가열한다.
2 볼에 다크초콜릿을 넣고 ①을 부은 다음 고루 섞는다.
3 핸드블렌더로 믹싱해 유화시킨 뒤 표면에 랩을 밀착시키고 감싸 냉장고에서 굳힌다.

2

3

보관법

표면에 랩을 밀착시키고 감싸 냉장고에 보관하며 1주 동안 사용할 수 있다.

CHOUX
MAKING 11

가나슈 몽테
Ganache Montée

생크림의 비율을 높인 가나슈로, 만든 즉시 사용하지 않고 최소 12시간 동안 휴지시킨 다음 휘핑해 사용한다. 텍스처가 부드럽고 보형성이 좋아 주로 디저트를 장식하는 크림으로 쓰인다.

재료
생크림 250g
젤라틴 매스 7g
다크초콜릿 100g

미리 준비하기
- 다크초콜릿은 다져 준비한다.

1 냄비에 생크림을 넣고 80℃까지 가열한다.
2 젤라틴 매스를 넣고 녹인다.
3 볼에 다크초콜릿을 넣고 ②를 부어 고루 섞는다.
4 핸드블렌더로 믹싱해 유화시킨 다음 얼음물을 받쳐 40℃ 이하까지 식힌다.
5 표면에 랩을 밀착시키고 감싸 냉장고에서 12시간 이상 휴지시킨 뒤 휘핑한다.

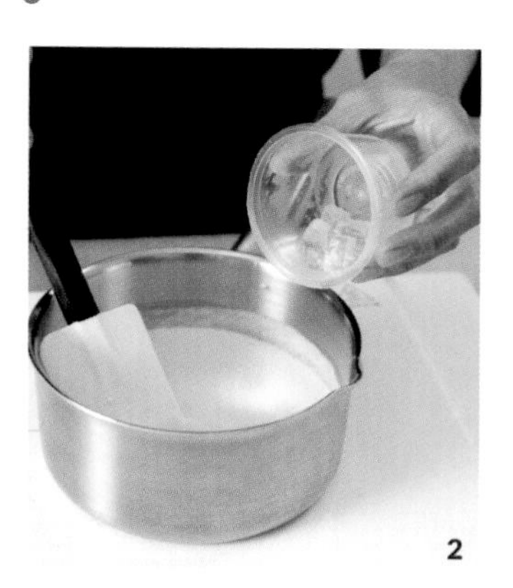
2

3

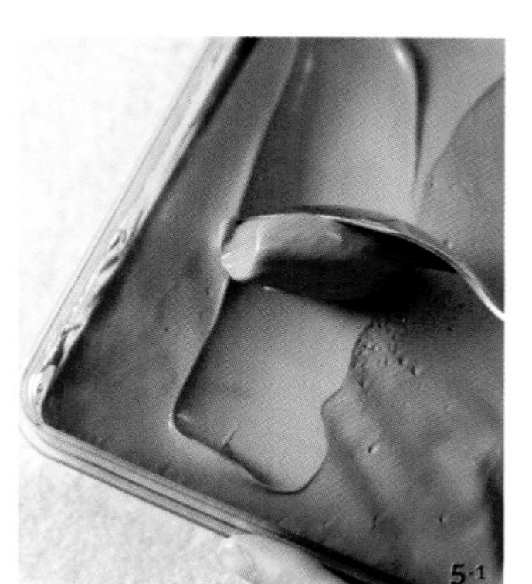
5-1

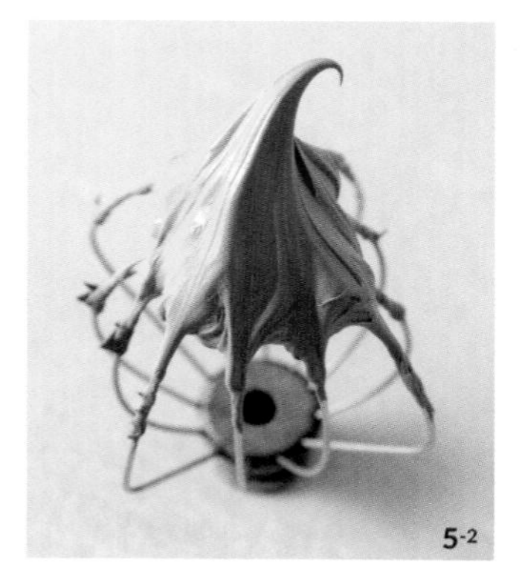
5-2

보관법
표면에 랩을 밀착시키고 감싸 냉장고에 보관한다. 최대 3일까지 사용 가능하다.

토핑 Topping

CHOUX
MAKING 1
크라클랭
Craquelin

프랑스어로 바삭바삭 소리가 나는 딱딱한 비스킷을 뜻하는 '크라클랭(Craquelin)'은 슈의 비주얼뿐만 아니라 맛까지 한층 업그레이드시키는 포인트 요소다. 버터, 설탕, 밀가루, 아몬드파우더를 함께 섞어 만든 반죽을 밀어 편 다음 원하는 모양과 크기로 잘라 슈에 얹어 사용한다. 아몬드파우더 대신 코코아파우더, 녹차가루 등을 넣어 간편하게 맛에 변화를 줄 수 있다.

재료

버터 100g
설탕 124g
박력분 80g
아몬드파우더 44g

미리 준비하기

- 버터는 1㎝ 크기의 큐브 모양으로 잘라 냉장고에 보관한다.
- 박력분, 아몬드파우더는 함께 체 친다.

1 믹서볼에 버터, 설탕을 넣고 비터로 믹싱한다.
2 함께 체 친 박력분, 아몬드파우더를 넣고 한 덩어리가 될 때까지 믹싱한다.
3 밀대로 약 0.2㎝ 두께까지 민 다음 원하는 모양으로 잘라 사용한다.

1

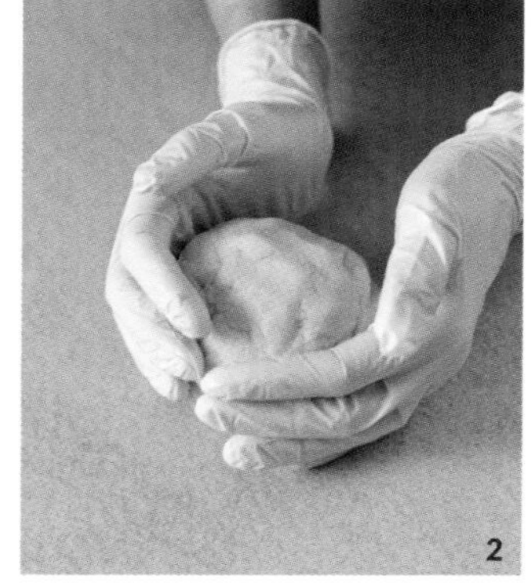
2

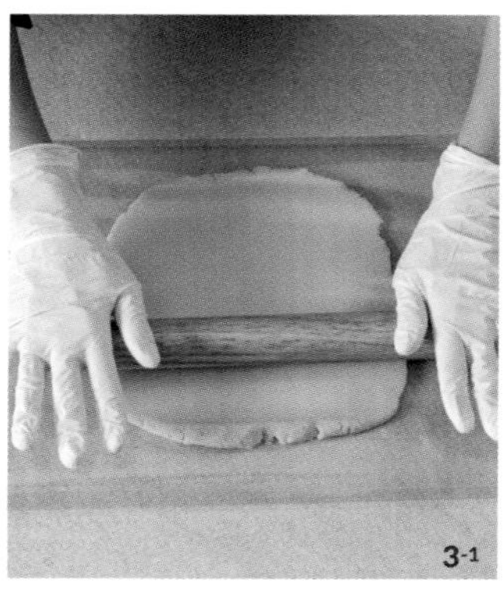
3-1

3-2

보관법

완성한 크라클랭 반죽은 밀봉해 냉동고에 보관하며 1개월까지 사용할 수 있다.

MAKING 2

글라사주

Glaçage

에클레르 윗면을 장식하는 데 사용한다. 클래식 에클레르 장식에 사용되는 퐁당에 비해 단맛이 덜하고 광택이 오래 유지되는 장점이 있다. 초콜릿의 종류를 변화시키거나 다른 부재료를 첨가해 맛이나 색을 달리할 수 있다.

재료

생크림 125g
물엿 50g
바닐라 빈 1/2개
젤라틴 매스 35g
화이트초콜릿 160g
화이트코팅초콜릿 150g

R

미리 준비하기

- 바닐라 빈은 반으로 갈라 씨를 긁어내고 깍지와 함께 준비한다.
- 젤라틴 매스는 큐브 모양으로 자른다.

1 냄비에 생크림, 물엿, 바닐라 빈의 씨와 깍지를 넣고 끓기 직전까지 가열한다.
2 젤라틴 매스를 넣고 녹인다.
3 비커에 화이트초콜릿, 화이트코팅초콜릿을 넣은 다음 ②를 체에 걸러 붓고 핸드블렌더로 믹싱한다.

tip 온도 28~30℃에서 사용하며 사용하기 전 다시 핸드블렌더로 믹싱한다.

1

2

3-1

3-2

보관법

완성한 글라사주는 표면에 랩을 밀착시켜 냉장고에 보관하며 1주 동안 사용할 수 있다.

CHOUX À LA CRÈME

슈 아 라 크렘

19세기 프랑스 대표 파티시에 장 아비스의 제자 마리 앙투안 카렘이 고안했다고 알려진 '슈 아 라 크렘(Choux à la Crème)'. 동그랗게 구운 슈 안에 파티시에 크림 혹은 디플로마트 크림 등 여러 가지 크림을 채워 만든다. 슈 반죽 위에 크라클랭을 올려 구우면 한층 동그랗고 매끈한 모양으로 완성할 수 있으며 바삭한 식감까지 낼 수 있어 일석이조의 효과를 얻을 수 있다.

슈 아 라 크렘 포인트

슈 안에 크림 넣기

일반적으로 슈의 아랫부분에 작은 구멍을 낸 다음 깍지를 낀 짤주머니를 이용해 크림을 짜 넣는다. 만약 슈의 윗면에 추가로 크림을 올린다면 윗부분에 구멍을 낸 뒤 크림을 채우는 것이 좋다. 이렇게 하면 자르거나 입으로 베어 물었을 때 슈가 터지거나 슈 안의 크림이 새어 나오는 것을 최소화할 수 있다. 이러한 방법 외에도 슈의 윗면을 얇게 잘라 크림을 채운 다음 다시 덮는 방법도 있다.
한편, 크림을 넣을 때는 한 손으로 슈를 들고 슈의 겉면이 살짝 팽팽해질 때까지 채우도록 한다. 크림을 넣는 구멍이 너무 크면 크림을 채울 때 또는 완성한 후에 크림이 쉽게 새어 나올 수 있으니 너무 굵지 않은 꼬치나 모양깍지 등을 사용해 적당한 크기로 구멍을 내는 것이 좋다. 크림을 넣는 구멍과 크림을 짜 넣는 깍지의 크기가 잘 맞으면 크림이 적당한 압력으로 주입되는데 이때 그물 모양으로 남아 있던 슈 안쪽의 부드러운 부분이 펴지면서 더 큰 공간이 만들어져 크림을 많이 채울 수 있게 된다.

균일한 크기와 모양의 슈

실리콘 몰드를 이용하면 보다 간편하게 균일한 모양과 크기의 슈를 만들 수 있다. 먼저 지름 4㎝ 크기의 원형 실리콘 몰드에 짤주머니에 넣은 슈 반죽을 약 17g씩 짜 넣는다. 그 다음 표면이 마르지 않도록 랩으로 감싸 냉동고에 보관하고 이후 필요한 만큼 꺼내 쓰면 된다. 냉동고에 보관한 반죽은 2주 동안 사용할 수 있으니 참고하자.

크라클랭 올리기

기본적으로 크라클랭은 부드러운 슈 반죽에 바삭한 식감을 더하는 역할을 한다. 이외에도 버터의 함량이 높은 크라클랭 반죽을 슈에 덮음으로써 반죽의 건조를 늦출 뿐만 아니라 슈가 불규칙한 모양으로 터지는 현상을 막을 수 있다. 또 슈를 더 크고 동그랗게 구울 수 있다. 크라클랭의 두께와 크기는 슈 아 라 크렘의 형태를 결정짓는 중요한 요소 중 하나이다.

크라클랭의 두께

크라클랭의 두께는 슈의 크기에 따라 달라지는데 보통 0.2~0.3㎝가 적당하다. 너무 얇으면 크라클랭의 역할을 제대로 하지 못하고 너무 두꺼우면 슈가 부푸는 것을 방해하기 때문이다. 적당한 두께의 크라클랭을 사용해야 슈가 최대한 부풀 수 있으며 구운 후에도 바삭한 식감을 유지할 수 있다. 크라클랭을 덮지 않은 반죽은 여러 방향으로 터지고 크기도 작게 구워진다. 0.2~0.3㎝ 두께의 크라클랭을 사용한 경우 가장 크고 볼륨감 있는 슈로 완성된다. 이보다 더 크라클랭의 두께가 두꺼워지면 오히려 슈가 부푸는 것을 방해한다. 단, 이는 지름 약 4㎝(약 17g)의 원형 슈 반죽을 기준으로 한 결과이며 슈 반죽이 더 작은 경우 더 얇은 크라클랭을, 더 큰 경우는 더 두꺼운 크라클랭을 사용해야 비슷한 결과를 얻을 수 있다.

크라클랭 두께에 따른 슈 형태의 차이(지름 4cm 크기의 원형 슈 반죽 기준)

크라클랭의 크기

슈는 구워지면서 2~3배 정도 부풀어 오르므로 위에서 보았을 때 슈 반죽을 완전히 가리는 크기로 크라클랭을 만들어 올리는 것이 좋다. 슈를 구웠을 때 윗면 가운데가 볼록해지는 것을 감안하면 슈 반죽 대비 1cm 정도 큰 크라클랭 반죽을 올렸을 때 가장 이상적인 결과물을 얻을 수 있다. 크라클랭의 크기가 너무 작으면 구운 후 슈 절반에만 크라클랭이 덮이게 되고, 구워질 때 슈 반죽의 건조를 막는 역할도 제대로 하지 못해 크기가 충분히 부풀 수 없고 표면이 불규칙하게 터지게 된다. 크라클랭 반죽이 지나치게 크면 슈 반죽이 다 부풀기도 전에 철팬 바닥에 녹아내려 날개 모양으로 팬에 들러붙고 이후 슈 반죽이 부푸는 것을 방해한다.
크라클랭의 크기에 따라 완성되는 슈의 크기도 확연히 달라진다. 지름 4cm 크기의 원형으로 짠 슈 반죽을 기준으로 하면 슈보다 1cm 큰, 지름 5cm 크기의 원형 크라클랭을 올렸을 때 가장 볼륨감 있는 슈를 완성할 수 있다. 이보다 더 큰 지름 6cm 크기의 크라클랭을 사용하면 크라클랭이 철팬 바닥에 붙어 슈 반죽이 볼륨감 있게 터지지 못하고 모양도 좋지 않게 된다.

크라클랭 크기에 따른 슈 형태의 차이(지름 4cm 크기의 원형 슈 반죽 기준)

바닐라 슈 아 라 크렘

클래식 플레이버 바닐라를 주제로 한 가장 기본적인 슈 아 라 크렘이다. 크라클랭을 올려 바삭한 식감을 더하고 구운 슈 안에 가벼운 디플로마트 크림을 채웠다. 더욱 묵직한 텍스처를 원한다면 파티시에 크림을 넣어 응용해도 좋다.

지름 6㎝ 크기의 원형 슈 15개

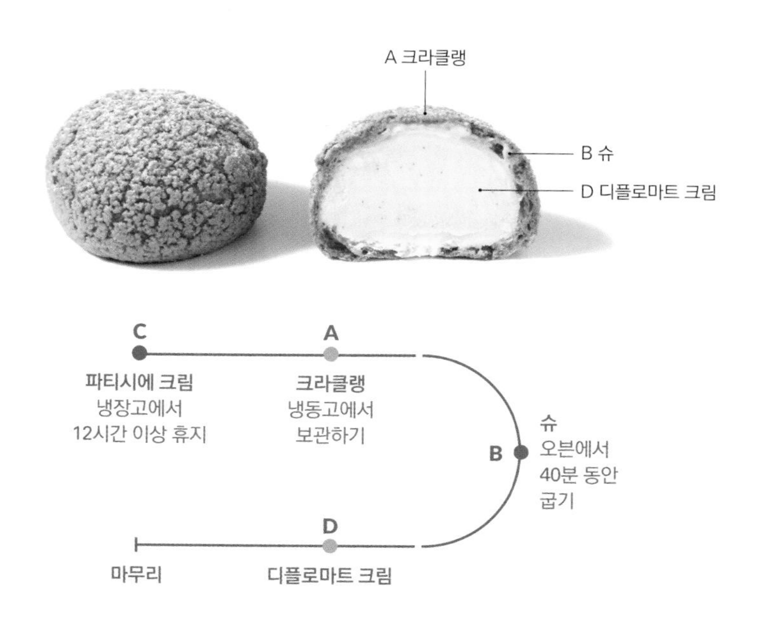

크라클랭 Ⓐ CRAQUELIN

버터 50g
설탕 62g
박력분 40g
아몬드파우더 22g

1 믹서볼에 버터, 설탕을 넣고 비터로 믹싱한다.
2 함께 체 친 박력분, 아몬드파우더를 넣고 한 덩어리가 될 때까지 믹싱한다.
3 0.2㎝ 두께로 밀어 편 다음 지름 5㎝ 크기의 원형 커터로 찍어 잘라 냉동고에서 보관한다.

슈 Ⓑ CHOUX

물 50g
우유 50g
버터 44g
소금 2g
설탕 2g
중력분 55g
달걀 93g

1 냄비에 물, 우유, 버터, 소금, 설탕을 넣고 중불에서 버터가 녹을 때까지 끓인다.
2 불에서 내려 체 친 중력분을 넣고 섞는다.
3 다시 불에 올려 약불에서 빠르게 섞어 가며 호화시킨다.
4 믹서볼에 옮겨 비터로 60℃가 될 때까지 믹싱한 다음 푼 달걀을 조금씩 나누어 넣으며 믹싱한다.
5 지름 1㎝ 크기의 원형 깍지를 낀 짤주머니에 반죽을 넣고 철팬에 지름 4㎝ 크기의 원형으로 짠다.
6 윗면에 A(크라클랭)를 올리고 170℃ 오븐에서 40분 동안 굽는다.

파티시에 크림 Ⓒ CRÈME PÂTISSIÈRE

우유 480g
설탕A 50g
바닐라 빈 1개
노른자 60g
설탕B 50g
옥수수 전분 24g
젤라틴 매스 28g
버터 160g

1 냄비에 우유, 설탕A, 바닐라 빈의 씨와 깍지를 넣고 끓기 직전까지 가열한다.
2 볼에 노른자, 설탕B, 옥수수 전분을 넣고 섞은 다음 ①을 조금씩 나누어 넣고 섞는다.
3 체에 걸러 다시 냄비에 옮긴 다음 중불에서 거품기로 섞어 가며 호화시킨다.
4 불에서 내려 젤라틴 매스를 넣고 녹인다.
5 볼에 옮겨 45℃까지 식힌 뒤 부드러운 상태의 버터를 넣고 핸드블렌더로 믹싱한다.
6 표면에 랩을 밀착시키고 감싸 냉장고에서 12시간 이상 휴지시킨다.

디플로마트 크림 Ⓓ CRÈME DIPLOMATE

C(파티시에 크림) 700g
생크림 350g

1 믹서볼에 C(파티시에 크림)를 넣고 부드럽게 푼다.
2 다른 믹서볼에 생크림을 넣고 80%까지 휘핑한다.
3 ①에 ②를 2~3회에 걸쳐 나누어 넣고 섞는다.

마무리 MONTAGE

슈거파우더 적당량

1 B(슈)의 아랫면에 작은 구멍을 낸다.
2 지름 0.7㎝ 크기의 원형 깍지를 낀 짤주머니에 D(디플로마트 크림)를 넣고 ①의 구멍에 짜 넣는다.
3 윗면에 슈거파우더를 뿌려 장식한다.

CHOUX

CHOUX À LA CRÈME AU CHOCOLAT NOIR

다크초콜릿 슈 아 라 크렘

다양한 초콜릿 부재료를 더해 다크초콜릿의 깊고 진한 맛을 표현했다. 크림의 형태를 크레뫼, 가나슈, 가나슈 몽테 세 가지로 구성해 텍스처에 강약을 준 것이 포인트. 가벼운 식감부터 묵직하고 쫀득한 식감까지 한데 조화롭게 어우러진다.

지름 6㎝ 크기의 원형 슈 15개

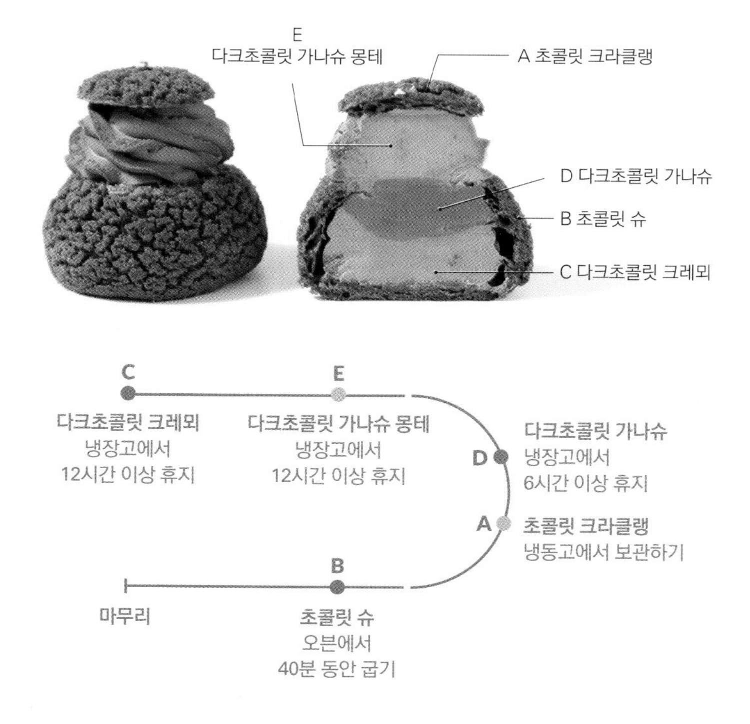

Ⓐ CRAQUELIN AU CHOCOLAT

초콜릿 크라클랭

- 버터 50g
- 설탕 62g
- 박력분 55g
- 코코아파우더 7g

1 믹서볼에 버터, 설탕을 넣고 비터로 믹싱한다.
2 함께 체 친 박력분, 코코아파우더를 넣고 한 덩어리가 될 때까지 믹싱한다.
3 0.2cm 두께로 밀어 편 다음 지름 5cm 크기의 원형 커터로 찍어 잘라 냉동고에서 보관한다.

Ⓑ CHOUX AU CHOCOLAT

초콜릿 슈

- 물 50g
- 우유 50g
- 버터 44g
- 소금 2g
- 설탕 2g
- 중력분 50g
- 코코아파우더 10g
- 달걀 95g

1 냄비에 물, 우유, 버터, 소금, 설탕을 넣고 중불에서 버터가 녹을 때까지 끓인다.
2 불에서 내려 함께 체 친 중력분, 코코아파우더를 넣고 섞는다.
3 다시 불에 올려 약불에서 빠르게 섞어 가며 호화시킨다.
4 믹서볼에 옮겨 비터로 60℃가 될 때까지 믹싱한 다음 푼 달걀을 조금씩 나누어 넣으며 믹싱한다.
5 지름 1cm 크기의 원형 깍지를 낀 짤주머니에 반죽을 넣은 뒤 철팬에 지름 4cm 크기의 원형으로 짠다.
6 윗면에 A(초콜릿 크라클랭)를 올리고 170℃ 오븐에서 40분 동안 굽는다.

Ⓒ CRÉMEUX AU CHOCOLAT NOIR

다크초콜릿 크레뫼

- 우유 200g
- 생크림 230g
- 설탕A 25g
- 노른자 70g
- 설탕B 25g
- 젤라틴 매스 49g
- 다크초콜릿 200g
  발로나 과나하 70%
- 버터 130g

1 냄비에 우유, 생크림, 설탕A를 넣고 끓기 직전까지 가열한다.
2 볼에 노른자, 설탕B를 넣고 섞은 다음 ①을 조금씩 나누어 넣으며 섞는다.
3 체에 걸러 다시 냄비에 옮긴 뒤 약불에서 저어 가며 83~85℃까지 가열한다.
4 불에서 내려 젤라틴 매스를 넣고 녹인 후 다크초콜릿에 붓고 핸드블렌더로 믹싱해 유화시킨다.
5 45℃까지 식힌 뒤 부드러운 상태의 버터를 넣고 핸드블렌더로 다시 믹싱한다.
6 표면에 랩을 밀착시키고 감싸 냉장고에서 12시간 이상 휴지시킨다.

다크초콜릿 가나슈 Ⓓ GANACHE AU CHOCOLAT NOIR

생크림 250g
다크초콜릿 250g
발로나 과나하 70%

1 냄비에 생크림을 넣고 80℃까지 가열한다.
2 볼에 다크초콜릿을 넣은 다음 ①을 붓고 고루 섞는다.
3 핸드블렌더로 믹싱해 유화시킨 뒤 표면에 랩을 밀착시키고 감싸 냉장고에서 6시간 이상 휴지시킨다.

다크초콜릿 가나슈 몽테 Ⓔ GANACHE MONTÉE AU CHOCOLAT NOIR

생크림 250g
젤라틴 매스 7g
다크초콜릿 100g
발로나 과나하 70%

1 냄비에 생크림을 넣고 80℃까지 가열한다.
2 젤라틴 매스를 ①에 넣고 녹인 다음 다크초콜릿을 넣은 볼에 붓고 고루 섞는다.
3 핸드블렌더로 믹싱해 유화시킨 뒤 얼음물을 받쳐 40℃까지 식힌다.
4 표면에 랩을 밀착시키고 감싸 냉장고에서 12시간 이상 휴지시킨다.

마무리 MONTAGE

코코아파우더 적당량
식용 금박 적당량

1 B(초콜릿 슈)의 윗면을 얇게 자른 다음, 부드럽게 풀어 짤주머니에 넣은 C(다크초콜릿 크레뫼)를 90%까지 짜 넣는다.
2 다른 짤주머니에 부드럽게 푼 D(다크초콜릿 가나슈)를 넣고 ①의 남은 부분에 가득 짜 넣는다.
3 별 모양깍지(171k)를 낀 또 다른 짤주머니에 휘핑한 E(다크초콜릿 가나슈 몽테)를 넣고 ②의 윗면에 회오리 모양으로 짠다.
4 ①에서 잘라 낸 B(초콜릿 슈)의 윗면을 덮고 코코아파우더, 식용 금박으로 장식한다.

CHOUX

CHOUX À LA CRÈME DE THÉ NOIR

홍차 슈 아 라 크렘

얼그레이와 아쌈을 블렌딩한 홍차의 진한 맛을 담은 슈 아 라 크렘이다. 크림은 부드러운 텍스처로, 가나슈와 가나슈 몽테는 쫀득한 텍스처로 만들어 다채로운 식감을 배치한 것이 포인트. 장식으로 뿌린 향긋한 아로마의 얼그레이 실론은 기분 좋은 마무리를 선사한다.

지름 6㎝ 크기의 원형 슈 15개

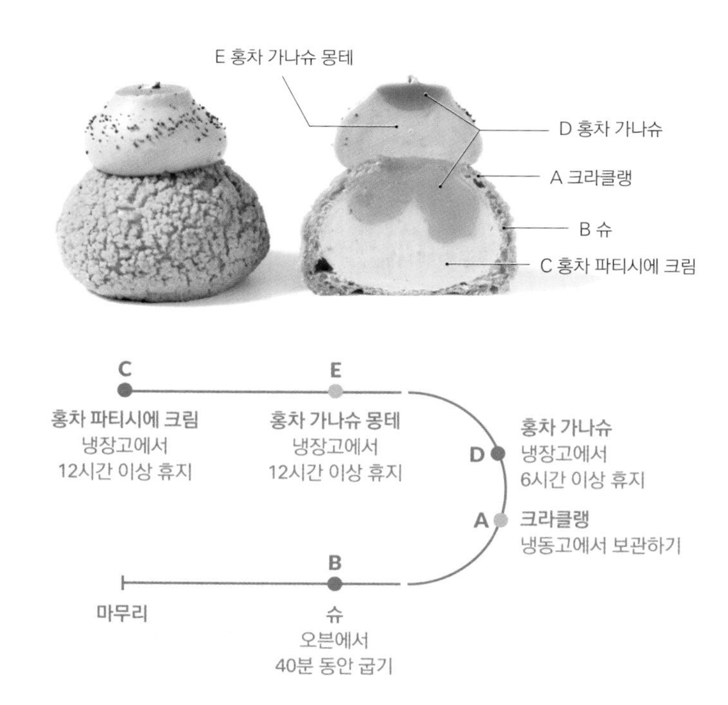

크라클랭 Ⓐ CRAQUELIN

버터 50g
설탕 62g
박력분 40g
아몬드파우더 22g

1 믹서볼에 버터, 설탕을 넣고 비터로 믹싱한다.
2 함께 체 친 박력분, 아몬드파우더를 넣고 한 덩어리가 될 때까지 믹싱한다.
3 0.2㎝ 두께로 밀어 편 뒤 지름 5㎝ 크기의 원형 커터로 찍어 잘라 냉동고에서 보관한다.

슈 Ⓑ CHOUX

물 50g
우유 50g
버터 44g
소금 2g
설탕 2g
중력분 55g
달걀 93g

1 냄비에 물, 우유, 버터, 소금, 설탕을 넣고 중불에서 버터가 녹을 때까지 끓인다.
2 불에서 내려 체 친 중력분을 넣고 섞는다.
3 다시 불에 올려 약불에서 빠르게 섞어 가며 호화시킨다.
4 믹서볼에 옮겨 비터로 60℃가 될 때까지 믹싱한 뒤 푼 달걀을 조금씩 나누어 넣으며 믹싱한다.
5 지름 1㎝ 크기의 원형 깍지를 낀 짤주머니에 반죽을 넣고 철팬에 지름 4㎝ 크기의 원형으로 짠다.
6 윗면에 A(크라클랭)를 올리고 170℃ 오븐에서 40분 동안 굽는다.

홍차 파티시에 크림 Ⓒ CRÈME PÂTISSIÈRE AU THÉ NOIR

우유 480g
설탕A 50g
얼그레이 찻잎 4g
아쌈 찻잎 2g
노른자 60g
설탕B 50g
옥수수 전분 24g
젤라틴 매스 28g
버터 160g

1 냄비에 우유, 설탕A, 얼그레이 찻잎, 아쌈 찻잎을 넣고 80℃까지 가열한 다음 불에서 내려 10분 동안 향을 우린다.
2 볼에 노른자, 설탕B, 옥수수 전분을 넣고 섞은 다음 ①을 조금씩 나누어 넣고 섞는다.
3 체에 걸러 다시 냄비에 옮긴 후 중불에서 거품기로 섞어 가며 호화시킨다.
4 불에서 내려 젤라틴 매스를 넣고 녹인 뒤 볼에 옮겨 45℃까지 식힌다.
5 부드러운 상태의 버터를 넣고 핸드블렌더로 믹싱한다.
6 크림 표면에 랩을 밀착시키고 감싸 냉장고에서 12시간 이상 휴지시킨다.

홍차 가나슈 Ⓓ GANACHE AU THÉ NOIR

생크림 200g
얼그레이 찻잎 2g
아쌈 찻잎 1g
밀크초콜릿 175g
칼리바우트 밀크초콜릿 823 33.6% 

1 냄비에 생크림, 얼그레이 찻잎, 아쌈 찻잎을 넣고 80℃까지 가열한 다음 불에서 내려 10분 동안 향을 우린다.
2 볼에 밀크초콜릿을 넣고 체에 거른 ①을 부어 고루 섞는다.
3 핸드블렌더로 믹싱해 유화시킨 뒤 표면에 랩을 밀착시키고 감싸 냉장고에서 6시간 이상 휴지시킨다.

홍차 가나슈 몽테 Ⓔ GANACHE MONTÉE AU THÉ NOIR

생크림 250g
얼그레이 찻잎 2g
아쌈 찻잎 1g
젤라틴 매스 7g
밀크초콜릿 100g
칼리바우트 밀크초콜릿 823 33.6%

1 냄비에 생크림, 얼그레이 찻잎, 아쌈 찻잎을 넣고 80℃까지 가열한 다음 불에서 내려 10분 동안 향을 우린다.
2 젤라틴 매스를 ①에 넣고 녹인 뒤 체에 걸러 밀크초콜릿에 붓고 고루 섞는다.
3 핸드블렌더로 믹싱해 유화시킨 후 얼음물을 받쳐 40℃까지 식힌다.
4 표면에 랩을 밀착시키고 감싸 냉장고에서 12시간 이상 휴지시킨다.

마무리 MONTAGE

얼그레이 실론 적당량
식용 금박 적당량

1 B(슈)의 윗면에 작은 구멍을 낸다.
2 짤주머니에 부드럽게 푼 C(홍차 파티시에 크림)를 넣고 ①에 90%까지 짜 넣는다.
3 다른 짤주머니에 부드럽게 푼 D(홍차 가나슈)를 넣고 ②에 가득 짜 넣는다.
4 지름 2㎝ 크기의 원형 깍지를 낀 또 다른 짤주머니에 휘핑한 E(홍차 가나슈 몽테)를 넣고 ③의 윗면에 물방울 모양으로 짠다.
5 밑이 동그란 숟가락으로 가나슈 몽테 부분을 눌러 오목한 모양으로 만든다.
6 남은 D(홍차 가나슈)를 녹여 가나슈 몽테의 오목한 부분에 짠 다음 얼그레이 실론, 식용 금박으로 장식한다.

CHOUX

CHOUX À LA CRÈME AU SÉSAME NOIR

흑임자 슈 아 라 크렘

고소한 풍미가 가득한 흑임자 크림에 진득한 텍스처의 가나슈를 매치해 완성했다. 흑임자와 참깨를 함께 뿌려 구운 크라클랭이 입 안에서 톡톡 터지며 씹을수록 진한 고소함을 남긴다.

지름 6㎝ 크기의 원형 슈 15개

흑임자 크라클랭 Ⓐ CRAQUELIN AU SÉSAME NOIR

버터 50g
설탕 62g
박력분 40g
흑임자가루 20g
흑임자 적당량
참깨 적당량

1 믹서볼에 버터, 설탕을 넣고 비터로 믹싱한다.
2 함께 체 친 박력분, 흑임자가루를 넣고 한 덩어리가 될 때까지 믹싱한다.
3 0.2㎝ 두께로 밀어 편 다음 윗면에 흑임자, 참깨를 고루 뿌린다.
4 지름 5㎝ 크기의 원형 커터로 찍어 잘라 냉동고에서 보관한다.

슈 Ⓑ CHOUX

물 50g
우유 50g
버터 44g
소금 2g
설탕 2g
중력분 55g
달걀 93g

1 냄비에 물, 우유, 버터, 소금, 설탕을 넣고 중불에서 버터가 녹을 때까지 끓인다.
2 불에서 내려 체 친 중력분을 넣고 섞는다.
3 다시 불에 올려 약불에서 빠르게 섞어 가며 호화시킨다.
4 믹서볼에 옮겨 비터로 60℃가 될 때까지 믹싱한 다음 푼 달걀을 조금씩 나누어 넣으며 믹싱한다.
5 지름 1㎝ 크기의 원형 깍지를 낀 짤주머니에 반죽을 넣고 철팬에 지름 4㎝ 크기의 원형으로 짠다.
6 윗면에 A(흑임자 크라클랭)를 올리고 170℃ 오븐에서 40분 동안 굽는다.

흑임자 파티시에 크림 Ⓒ CRÈME PÂTISSIÈRE AU SÉSAME NOIR

우유 400g
흑임자 페이스트 80g
설탕A 50g
노른자 60g
설탕B 50g
옥수수 전분 40g
젤라틴 매스 28g
버터 160g

1 냄비에 우유, 흑임자 페이스트, 설탕A를 넣고 끓기 직전까지 가열한다.
2 볼에 노른자, 설탕B, 옥수수 전분을 넣고 섞은 다음 ①을 조금씩 나누어 넣고 섞는다.
3 체에 걸러 다시 냄비에 옮긴 뒤 중불에서 거품기로 섞어 가며 호화시킨다.
4 불에서 내려 젤라틴 매스를 넣고 녹인다.
5 볼에 옮겨 45℃까지 식힌 후 부드러운 상태의 버터를 넣고 핸드블렌더로 믹싱한다.
6 표면에 랩을 밀착시키고 감싸 냉장고에서 12시간 이상 휴지시킨다.

흑임자 가나슈 Ⓓ GANACHE AU SÉSAME NOIR

생크림 200g
흑임자 페이스트 65g
화이트초콜릿 175g
발로나 이보아르 35%

1 냄비에 생크림, 흑임자 페이스트를 넣고 80℃까지 가열한다.
2 볼에 화이트초콜릿을 넣고 ①을 부어 고루 섞는다.
3 핸드블렌더로 믹싱해 유화시킨 다음 표면에 랩을 밀착시키고 감싸 냉장고에서 6시간 이상 휴지시킨다.

흑임자 가나슈 몽테 Ⓔ GANACHE MONTÉE AU SÉSAME NOIR

생크림 250g
흑임자 페이스트 25g
젤라틴 매스 7g
화이트초콜릿 85g
발로나 이보아르 35%

1 냄비에 생크림, 흑임자 페이스트를 넣고 80℃까지 가열한다.
2 젤라틴 매스를 ①에 넣고 녹인 다음 화이트초콜릿에 부어 고루 섞는다.
3 핸드블렌더로 믹싱해 유화시킨 뒤 얼음물을 받쳐 40℃까지 식힌다.
4 표면에 랩을 밀착시키고 감싸 냉장고에서 12시간 이상 휴지시킨다.

마무리 MONTAGE

식용 금박 적당량

1 B(슈)의 윗면에 작은 구멍을 낸다.
2 짤주머니에 부드럽게 푼 C(흑임자 파티시에 크림)를 넣고 ①에 90%까지 짜 넣는다.
3 다른 짤주머니에 부드럽게 푼 D(흑임자 가나슈)를 넣고 ②에 가득 짜 넣는다.
4 지름 2㎝ 크기의 원형 깍지를 낀 또 다른 짤주머니에 휘핑한 E(흑임자 가나슈 몽테)를 넣고 ③의 윗면에 물방울 모양으로 짠다.
5 밑이 동그란 숟가락으로 가나슈 몽테 부분을 눌러 오목한 모양으로 만든다.
6 남은 D(흑임자 가나슈)를 녹여 가나슈 몽테의 오목한 부분에 짠 다음 식용 금박으로 장식한다.

CHOUX

CHOUX À LA CRÈME AU THÉ VERT ET ORANGE

녹차 오렌지 슈 아 라 크렘

쌉싸름한 녹차 크림을 가득 채운 슈에 상큼한 오렌지 쿨리를 더해 자칫 비릿할 수 있는 녹차의 향을 완벽하게 잡았다. 오렌지 대신 레몬, 산딸기, 유자 등의 과일로 대체해 응용해도 좋다.

지름 6㎝ 크기의 원형 슈 15개

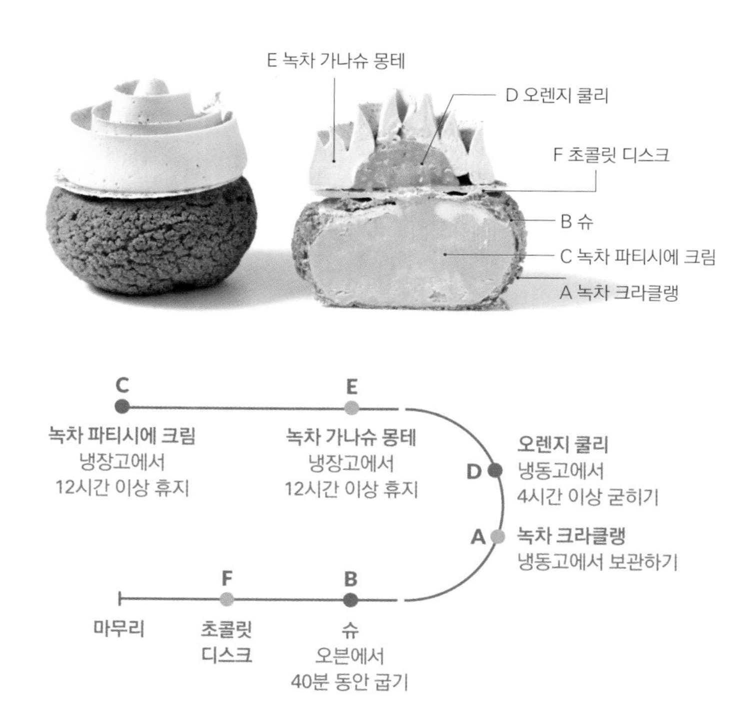

녹차 크라클랭 Ⓐ CRAQUELIN AU THÉ VERT

버터 50g
설탕 62g
박력분 58g
녹차가루 5g

1 믹서볼에 버터, 설탕을 넣고 비터로 믹싱한다.
2 함께 체 친 박력분, 녹차가루를 넣고 한 덩어리가 될 때까지 믹싱한다.
3 0.2㎝ 두께로 밀어 편 다음 지름 5㎝ 크기의 원형 커터로 찍어 잘라 냉동고에서 보관한다.

슈 Ⓑ CHOUX

물 50g
우유 50g
버터 44g
소금 2g
설탕 2g
중력분 55g
달걀 93g

1 냄비에 물, 우유, 버터, 소금, 설탕을 넣고 중불에서 버터가 녹을 때까지 끓인다.
2 불에서 내려 체 친 중력분을 넣고 섞는다.
3 다시 불에 올려 약불에서 빠르게 섞어 가며 호화시킨다.
4 믹서볼에 옮겨 비터로 60℃가 될 때까지 믹싱한 다음 푼 달걀을 조금씩 나누어 넣으며 믹싱한다.
5 지름 1㎝ 크기의 원형 깍지를 낀 짤주머니에 반죽을 넣고 철팬에 지름 4㎝ 크기의 원형으로 짠다.
6 윗면에 A(녹차 크라클랭)를 올리고 170℃ 오븐에서 40분 동안 굽는다.

녹차 파티시에 크림 Ⓒ CRÈME PÂTISSIÈRE AU THÉ VERT

우유 480g
설탕A 50g
달걀 60g
설탕B 50g
옥수수 전분 24g
젤라틴 매스 28g
녹차가루 6g
버터 160g

1 냄비에 우유, 설탕A를 넣고 끓기 직전까지 가열한다.
2 볼에 달걀, 설탕B, 옥수수 전분을 넣고 섞은 다음 ①을 조금씩 나누어 넣고 섞는다.
3 체에 걸러 다시 냄비에 옮긴 뒤 중불에서 섞어 가며 호화시킨다.
4 불에서 내려 젤라틴 매스를 넣고 녹인다.
5 볼에 옮겨 45℃까지 식힌 뒤 녹차가루, 부드러운 상태의 버터를 넣고 핸드블렌더로 믹싱한다.
6 표면에 랩을 밀착시키고 감싸 냉장고에서 12시간 이상 휴지시킨다.

오렌지 쿨리 (D) COULIS À L'ORANGE

오렌지 퓌레 200g
12°±2Brix
설탕 30g
젤라틴 매스 28g

1 냄비에 오렌지 퓌레, 설탕을 넣고 끓인 다음 젤라틴 매스를 넣고 녹인다.
2 지름 3㎝ 크기의 반구 모양 실리콘 몰드에 넣고 냉동고에서 4시간 이상 굳힌다.

녹차 가나슈 몽테 (E) GANACHE MONTÉE AU THÉ VERT

생크림 250g
젤라틴 매스 7g
화이트초콜릿 100g
발로나 이보아르 35%
녹차가루 5g

1 냄비에 생크림을 넣고 80℃까지 가열한다.
2 젤라틴 매스를 ①에 넣고 녹인 다음 화이트초콜릿에 부어 고루 섞는다.
3 녹차가루를 넣고 핸드블렌더로 유화시킨 뒤 얼음물을 받쳐 40℃까지 식힌다.
4 표면에 랩을 밀착시키고 감싸 냉장고에서 12시간 이상 휴지시킨다.

초콜릿 디스크 (F) PLAQUE DE CHOCOLAT

녹차가루 적당량
화이트초콜릿 적당량
발로나 이보아르 35%

1 OPP 필름에 녹차가루를 흩뿌린 다음 템퍼링한 화이트초콜릿을 붓고 스패튤러로 얇게 편다.
2 손에 묻어나지 않을 만큼 굳으면 지름 6㎝ 크기의 원형 커터로 찍어 자른다.

마무리 MONTAGE

녹차가루 적당량
식용 금박 적당량

1 B(슈)의 아랫면에 작은 구멍을 낸다.
2 짤주머니에 부드럽게 푼 C(녹차 파티시에 크림)를 넣고 ①에 가득 짜 넣은 다음 뒤집어 놓는다.
3 돌림판에 F(초콜릿 디스크)를 놓고 몰드에서 뺀 D(오렌지 쿨리)를 가운데에 올린다.
4 一자 모양깍지를 낀 다른 짤주머니에 휘핑한 E(녹차 가나슈 몽테)를 넣고 ③에 달팽이 모양으로 돌려 가며 짠다.
5 ②에 ④를 올리고 녹차가루를 뿌린 후 식용 금박으로 장식한다.

CHOUX

CHOUX À LA CRÈME CAPPUCCINO

카푸치노 슈 아 라 크렘

쌉싸름한 커피 크레뫼와 달콤한 우유 가나슈의 만남이 부드러운 거품을 올린 카푸치노를 연상케 한다. 커피 플레이버와 잘 어울리는 초콜릿을 더해 만든 크라클랭은 슈 전반의 맛을 한층 풍성하게 만든다.

지름 6㎝ 크기의 원형 슈 15개

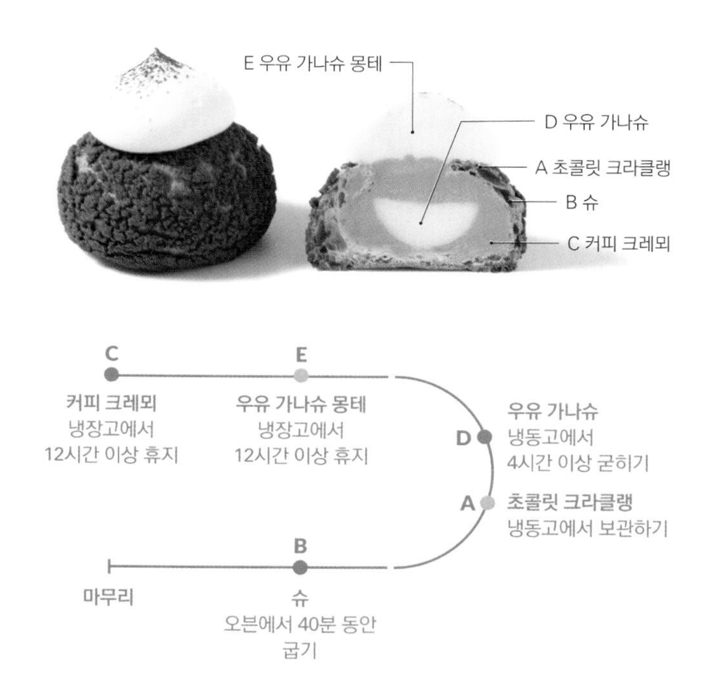

초콜릿 크라클랭 Ⓐ CRAQUELIN AU CHOCOLAT

버터 50g
설탕 62g
박력분 55g
코코아파우더 7g

1 믹서볼에 버터, 설탕을 넣고 비터로 믹싱한다.
2 함께 체 친 박력분, 코코아파우더를 넣고 한 덩어리가 될 때까지 믹싱한다.
3 0.2㎝ 두께로 밀어 편 다음 지름 5㎝ 크기의 원형 커터로 찍어 잘라 냉동고에서 보관한다.

슈 Ⓑ CHOUX

물 50g
우유 50g
버터 44g
소금 2g
설탕 2g
중력분 55g
달걀 93g

1 냄비에 물, 우유, 버터, 소금, 설탕을 넣고 중불에서 버터가 녹을 때까지 끓인다.
2 불에서 내려 체 친 중력분을 넣고 섞는다.
3 다시 불에 올려 약불에서 빠르게 섞어 가며 호화시킨다.
4 믹서볼에 옮겨 비터로 60℃가 될 때까지 믹싱한 다음 푼 달걀을 조금씩 나누어 넣으며 믹싱한다.
5 지름 1㎝ 크기의 원형 깍지를 낀 짤주머니에 반죽을 넣고 철팬에 지름 4㎝ 크기의 원형으로 짠다.
6 윗면에 A(초콜릿 크라클랭)를 올리고 170℃ 오븐에서 40분 동안 굽는다.

커피 크레뫼 Ⓒ CRÉMEUX AU CAFÉ

생크림 350g
에스프레소 155g
설탕A 25g
노른자 70g
설탕B 25g
젤라틴 매스 56g
블론드초콜릿 200g
발로나 둘세 32%
버터 150g

1 냄비에 생크림, 에스프레소, 설탕A를 넣고 끓기 직전까지 가열한다.
2 볼에 노른자, 설탕B를 넣고 섞은 다음 ①을 조금씩 나누어 넣으며 섞는다.
3 체에 걸러 다시 냄비에 옮긴 뒤 약불에서 83~85℃까지 저어 가며 가열한다.
4 불에서 내려 젤라틴 매스를 넣고 녹인 후 블론드초콜릿에 붓고 고루 섞는다.
5 핸드블렌더로 믹싱해 유화시키고 45℃까지 식힌 뒤 부드러운 상태의 버터를 넣고 핸드블렌더로 다시 믹싱한다.
6 표면에 랩을 밀착시키고 감싸 냉장고에서 12시간 이상 휴지시킨다.

우유 가나슈 Ⓓ GANACHE AU LAIT

우유 100g
생크림 100g
연유 25g
화이트초콜릿 150g
발로나 이보아르 35%

1 냄비에 우유, 생크림, 연유를 넣고 80℃까지 가열한다.
2 볼에 화이트초콜릿을 넣고 ①을 부어 고루 섞는다.
3 핸드블렌더로 믹싱해 유화시킨 다음 지름 3㎝ 크기의 반구 모양 실리콘 몰드에 넣고 냉동고에서 4시간 이상 굳힌다.

우유 가나슈 몽테  GANACHE MONTÉE AU LAIT

생크림 180g
우유 65g
탈지분유 5g
연유 5g
젤라틴 매스 10g
화이트초콜릿 100g
발로나 이보아르 35%

1 냄비에 생크림, 우유, 탈지분유, 연유를 넣고 80℃까지 가열한다.
2 젤라틴 매스를 ①에 넣고 녹인 다음 화이트초콜릿에 붓고 고루 섞는다.
3 핸드블렌더로 믹싱해 유화시킨 뒤 얼음물을 받쳐 40℃까지 식힌다.
4 표면에 랩을 밀착시키고 감싸 냉장고에서 12시간 이상 휴지시킨다.

마무리 MONTAGE

코코아파우더 적당량

1 B(슈)의 윗면에 지름 2㎝ 크기의 구멍을 낸다.
2 짤주머니에 부드럽게 푼 C(커피 크레뫼)를 넣고 ① 안에 50%까지 짜 넣은 다음 몰드에서 뺀 D(우유 가나슈)를 가운데에 넣고 다시 C(커피 크레뫼)를 가득 짜 넣는다.
3 지름 2㎝ 크기의 원형 깍지를 낀 다른 짤주머니에 휘핑한 E(우유 가나슈 몽테)를 넣고 ②의 윗면에 물방울 모양으로 눌러 짠다.
4 코코아파우더를 뿌려 장식한다.

CHOUX

RELIGIEUSE À LA FRAMBOISE

산딸기 를리지외즈

화려한 색감과 앙증맞은 비주얼로 시선을 사로잡는 산딸기 를리지외즈. 두 가지 크기의 슈 아 라 크렘을 쌓아 완성했다. 슈 안에 산딸기 쿨리와 크림을 함께 채워 자칫 밋밋할 수 있는 식감을 보완하고, 여기에 부드러운 산딸기 가나슈 몽테를 더해 밸런스를 맞췄다.

지름 6㎝ 크기의 원형 슈 10개

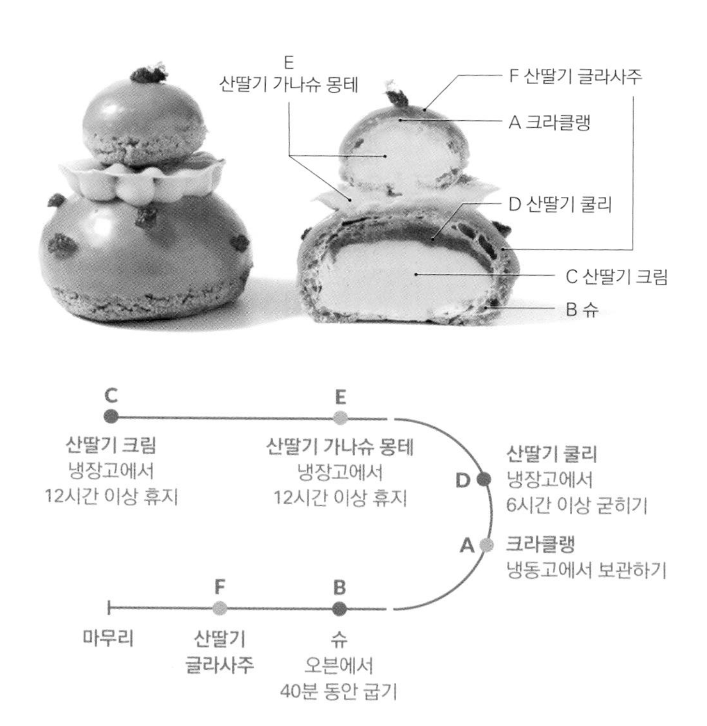

크라클랭 Ⓐ CRAQUELIN

- 버터 50g
- 설탕 62g
- 박력분 40g
- 아몬드파우더 22g

1 믹서볼에 버터, 설탕을 넣고 비터로 믹싱한다.
2 함께 체 친 박력분, 아몬드파우더를 넣고 한 덩어리가 될 때까지 믹싱한다.
3 0.2cm 두께로 밀어 편 다음 지름 3cm, 5cm 크기의 원형 커터로 각각 찍어 잘라 냉동고에서 보관한다.

슈 Ⓑ CHOUX

- 물 50g
- 우유 50g
- 버터 44g
- 소금 2g
- 설탕 2g
- 중력분 55g
- 달걀 93g

1 냄비에 물, 우유, 버터, 소금, 설탕을 넣고 중불에서 버터가 녹을 때까지 끓인다.
2 불에서 내려 체 친 중력분을 넣고 섞는다.
3 다시 불에 올려 약불에서 빠르게 섞어 가며 호화시킨다.
4 믹서볼에 옮겨 비터로 60℃가 될 때까지 믹싱한 다음 푼 달걀을 조금씩 나누어 넣으며 믹싱한다.
5 지름 1cm 크기의 원형 깍지를 낀 짤주머니에 반죽을 넣고 철팬에 지름 2cm, 4cm 크기의 원형으로 각각 짠다.
6 각각의 슈 윗면에 크기에 맞는 A(크라클랭)를 올리고 170℃ 오븐에서 작은 슈는 30분, 큰 슈는 40분 동안 굽는다.

산딸기 크림 Ⓒ CRÈME AUX FRAMBOISES

- 산딸기 퓌레 160g
  11°±2Brix
- 설탕A 60g
- 달걀 210g
- 설탕B 60g
- 젤라틴 매스 56g
- 버터 320g

1 냄비에 산딸기 퓌레, 설탕A를 넣고 끓인다.
2 볼에 달걀, 설탕B를 넣고 거품기로 섞은 다음 ①을 조금씩 나누어 넣고 섞는다.
3 체에 걸러 냄비에 옮긴 뒤 중불에서 실리콘 주걱으로 저어 가며 72~73℃까지 가열한다.
4 젤라틴 매스를 넣고 녹인 후 볼에 옮겨 45℃까지 식힌다.
5 부드러운 상태의 버터를 넣고 핸드블렌더로 믹싱한다.
6 표면에 랩을 밀착시키고 감싸 냉장고에서 12시간 이상 휴지시킨다.

산딸기 쿨리 Ⓓ COULIS DE FRAMBOISES

- 산딸기 퓌레 100g
  11°±2Brix
- 설탕 10g
- 젤라틴 매스 14g

1 냄비에 산딸기 퓌레, 설탕을 넣고 끓인다.
2 젤라틴 매스를 넣고 녹인 다음 트레이에 부어 표면에 랩을 밀착시키고 감싸 냉장고에서 6시간 이상 굳힌다.

산딸기 가나슈 몽테 Ⓔ GANACHE MONTÉE À LA FRAMBOISE

생크림 250g
젤라틴 매스 7g
산딸기초콜릿 100g
발로나 인스피레이션 라즈베리

1 냄비에 생크림을 넣고 80℃까지 가열한다.
2 젤라틴 매스를 ①에 넣고 녹인 다음 산딸기초콜릿에 붓고 고루 섞는다.
3 핸드블렌더로 믹싱해 유화시킨 뒤 얼음물을 받쳐 40℃까지 식힌다.
4 표면에 랩을 밀착시키고 감싸 냉장고에서 12시간 이상 휴지시킨다.

산딸기 글라사주 Ⓕ GLAÇAGE À LA FRAMBOISE

생크림 125g
물엿 50g
젤라틴 매스 35g
산딸기초콜릿 160g
발로나 인스피레이션 라즈베리
화이트코팅초콜릿150g
카카오바리 파타글라세 아이보리
붉은색 식용 색소 적당량
식용 금분 적당량

1 냄비에 생크림, 물엿을 넣고 끓기 직전까지 가열한다.
2 젤라틴 매스를 ①에 넣고 녹인 다음 산딸기초콜릿, 화이트코팅초콜릿을 함께 담은 비커에 붓고 고루 섞는다.
3 붉은색 식용 색소, 식용 금분을 넣고 핸드블렌더로 믹싱한다.
tip 사용 전 온도를 28~30℃로 맞추고 다시 핸드블렌더로 믹싱해 사용한다.

마무리 MONTAGE

냉동 산딸기 적당량
식용 금박 적당량

1 B(슈)의 아랫면에 작은 구멍을 낸다.
2 짤주머니에 부드럽게 푼 D(산딸기 쿨리)를 넣고 큰 B(슈)에 20%까지 짜 넣은 다음 부드럽게 풀어 다른 짤주머니에 넣은 C(산딸기 크림)를 가득 짜 넣는다.
3 또 다른 짤주머니에 휘핑한 E(산딸기 가나슈 몽테)를 넣고 작은 B(슈)에 가득 짜 넣는다.
4 ②, ③의 윗면에 F(산딸기 글라사주)를 입힌다.
5 一자 모양깍지를 낀 짤주머니에 남은 E(산딸기 가나슈 몽테)를 넣고 큰 B(슈)의 윗면에 물결 모양으로 돌려 가며 짠다.
6 작은 B(슈)를 올리고 작게 부순 냉동 산딸기, 식용 금박으로 장식한다.

ÉCLAIR

에클레르

길쭉한 모양의 슈 디저트 에클레르는 프랑스어로 '번개', '눈 깜짝할 사이'를 뜻한다. 이름의 유래에 대해서는 여러 가지 재미있는 설이 전해져 내려 오는데 너무 맛있어 '번개가 치는 듯한 속도로 순식간에 먹어 치운다'하여 그 이름이 붙었다는 설, 길쭉하고 한입에 들어가는 크기 덕분에 빨리 먹을 수 있어 이렇게 불리었다는 설, 또 위에 올린 퐁당의 반짝이는 모습이 번개를 닮았다 해서 지어진 이름이라는 설 등이 있다. 길쭉한 슈 안에 파티시에 크림을 채우고 윗면에 매끄럽고 반짝이는 퐁당을 입힌 것이 가장 클래식한 조합이다.

에클레르 포인트

슈 윗면의 전처리

매끈하고 균일한 모양의 에클레르를 완성하기 위해서는 데크 오븐을 사용하는 것이 좋다. 데크 오븐과 컨벡션 오븐은 열을 가하는 방식이 다르기 때문이다. 데크 오븐은 상부와 하부를 열로 달궈 굽는다면, 컨벡션 오븐은 중앙의 팬이 돌아가며 오븐 안의 뜨거운 공기를 순환시켜 굽는다. 따라서 컨벡션 오븐에서는 반죽이 채 부풀기도 전에 겉면이 뜨거운 바람에 의해 먼저 건조되어 굳게 되고 이로 인해 슈 안쪽 반죽이 부풀 때 윗면에 불규칙한 터짐 현상이 두드러지게 나타난다. 따라서 컨벡션 오븐으로 에클레르용 슈를 구울 때는 슈 반죽 윗면의 수분이 날아가는 것을 최대한 늦춰 터짐 현상을 줄이는 것이 관건이다.
이를 위한 방법으로는 슈 반죽 윗면에 포도당을 뿌리는 방법, 파우더형 카카오버터인 미크리오를 뿌리는 방법 등이 있다. 특히 포도당은 건조 현상을 방지하는 것 외에도 에클레르가 먹음직스러운 갈색을 내는 데 좋은 영향을 미친다. 그러므로 포도당과 미크리오 두 가지를 모두 뿌려 슈를 굽는다면 가장 좋은 결과물을 얻을 수 있다. 포도당은 슈거파우더로 대체할 수 있으며 미크리오 대신 오일 스프레이를 뿌리거나 버터, 카카오버터 등을 녹여 붓으로 얇게 바르는 방법도 있다. 단, 붓으로 버터나 카카오버터 등

전처리별 에클레르용 슈 상태

을 바를 경우는 필요 이상으로 두껍게 발리는 경우가 많아 오히려 반죽의 윗면이 제때 건조되지 못하고 부풀다 어느 순간 퍼지고 주저앉을 수 있으니 조심해야 한다. '얼마나 얇게 바르는가'가 '어떠한 종류의 유지를 바르는가'보다 더 중요한 것이다. 한편, 컨벡션 오븐을 사용해 에클레르용 슈를 구울 때는 낮은 온도에서 서서히 구워야 매끈한 에클레르를 완성할 확률이 높다. 160℃ 오븐에서 서서히 슈 반죽을 부풀린 뒤 마지막에 170℃로 오븐의 온도를 올려 건조시키면 겉은 바삭하면서 속은 촉촉한 에클레르를 완성할 수 있다.

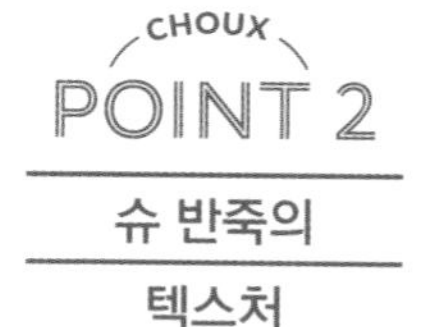

컨벡션 오븐을 사용했을 때도 매끈한 형태의 에클레르를 완성하고 싶다면 반죽을 조금 되게 만들면 된다. 반죽이 질어질수록 반죽 속의 수분 양이 증가해, 오븐 안에서 많이 부풀고 이로 인해 슈가 여러 방향으로 불규칙하게 터질 수 있기 때문이다. 슈 반죽을 되게 만드는 방법은 사용하는 달걀의 양을 약 8~10% 정도 줄이면 된다. 된 반죽으로 에클레르를 만들 때 단점이 있다면 껍질이 조금 두꺼워질 수 있다는 것인데 데세셰 작업을 할 때 전분을 충분히 호화시키면 이러한 문제를 해결하고 슈도 적당한 크기로 부풀게 된다.

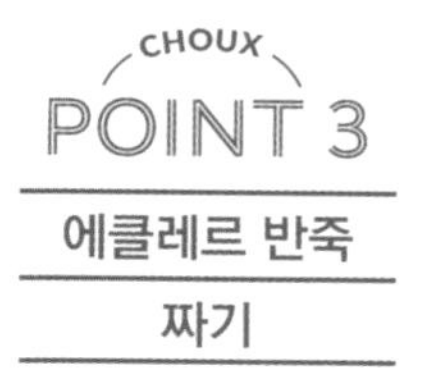

모양깍지

에클레르 반죽을 짤 때는 주로 톱니 모양깍지를 사용한다. 톱니 모양깍지 끝에 뾰족한 부분들에 반죽 속의 미세한 공기 방울이 걸리면서 기포가 정리되고 균일한 모양으로 팬닝할 수 있기 때문이다. 뿐만 아니라 이렇게 팬닝한 슈 반죽은 구울 때 구석구석에 열이 고르게 전달돼 표면이 불규칙하게 터지는 것을 예방할 수 있다. 이 책에서는 매트퍼사(MATFER社)의 PF16 제품을 사용했으며 이를 구할 수 없다면 국내에서 판매 중인 867K 모양깍지로 대체할 수 있다.

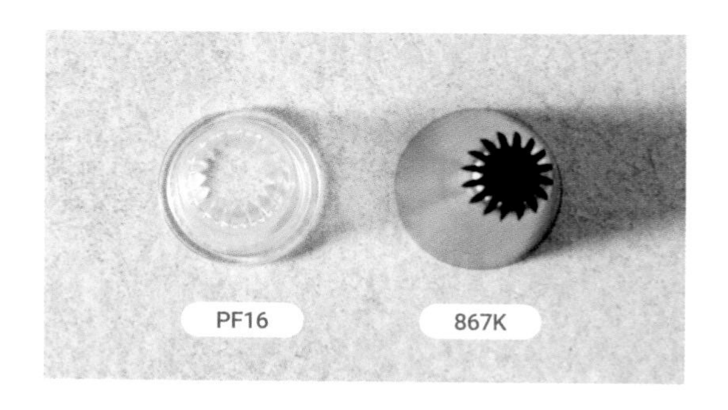

파이핑

완성된 에클레르의 형태는 슈 반죽을 어떻게 짜는지에 크게 영향을 받으므로 굵기와 곧기에 주의하며 파이핑하는 것이 중요하다. 오른손으로 슈 반죽을 채운 짤주머니를 팽팽하게 잡고 왼손의 엄지와 검지로 모양깍지를 잡고 고정한 채 왼손 새끼손가락의 마지막 마디를 바닥에 받친다. 이 상태로 힘을 균일하게 주면서 짜면 손의 떨림을 막아 곧게 짤 수 있다. 초보자의 경우 반죽의 유동성 때문에 파이핑하기 어려워하는 경우가 많은데, 이때는 반죽을 잠시 상온에 두고 뜨겁지 않을 정도로 식힌 다음 짜면 더 쉽게 컨트롤할 수 있다. 반죽을 상온에 둘 때에는 반드시 반죽 표면에 랩을 밀착시키고 감싸 식히는 동안에 마르지 않도록 한다.

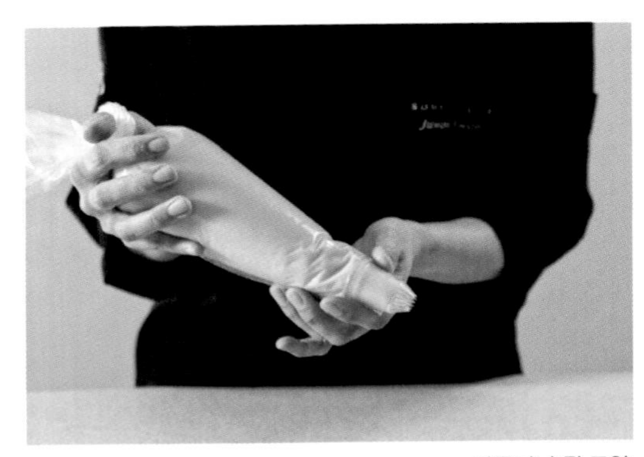

짤주머니 쥔 모양

파이핑

팬닝 사이즈

팬닝할 때는 일반적으로 길이 12㎝, 폭 3㎝ 크기로 짠다. 길이 12㎝ 크기의 에클레르 모양 틀이 있다면 미리 틀에 밀가루를 얇게 바르고 철팬에 찍어 가이드 라인을 만들어 두고 작업하는 것이 편하다. 틀이 없다면 길이 12㎝ 스크레이퍼로 길이와 간격을 표시할 수 있다. 하지만 굽기 전에 어떤 처리를 할 것인지, 어떤 오븐으로 구울 것인지에 따라 팬닝하는 반죽의 양이나 짜는 너비 등은 달라질 수 있다. 예를 들어 윗면에 포도당만 뿌려 굽는 방법을 선택했다면 크기가 크게 부풀지 않으므로 조금 더 반죽을 질게 만들고 더 넓고 볼륨감 있게 반죽을 짜야 원하는 크기를 얻을 수 있다. 또한 데크 오븐은 컨벡션 오븐보다 상대적으로 안정적인 슈를 완성할 수 있는 대신 작게 부풀 수 있으므로 이 경우도 더 넓고 볼륨감 있게 슈 반죽을 짜 팬닝하는 것이 좋다.

에클레르 데커레이션

클래식 에클레르는 윗면에 퐁당 아이싱을 입히지만 최근 들어 퐁당보다 덜 달면서 시간이 지나도 광택이 사라지지 않는 글라사주를 많이 사용하는 추세이다. 그밖에도 전사지에 원하는 무늬나 글씨를 찍어 낸 초콜릿, 색을 입힌 마지팬 등을 에클레르 위에 올리기도 한다. 또한 코팅을 생략하고 슈의 윗면을 잘라 내 크림을 채운 뒤 또 다른 크림이나 어울리는 과일 등을 올려 보다 화려한 모양을 연출하는 방법도 있다.

CHOUX
POINT 5

글라사주 입히기

글라사주는 에클레르보다 길이가 길고 깊이가 깊지 않은 용기에 담아야 작업하기 편하다. 아랫면에 구멍을 뚫어 크림을 채운 에클레르를 뒤집어 글라사주에 담근 다음 빼내어 손가락으로 윗면을 쓸어내리고 옆면을 다듬는다. 글라사주의 온도는 30℃ 정도로 맞추어 작업을 시작하고 28℃ 이하로 식으면 다시 전자레인지에 10초씩 데워 잘 섞은 다음 사용한다. 이렇게 하면 글라사주가 흐르거나 굳지 않고 예쁘게 완성된다. 글라사주는 윗면 전체를 다 덮는 것보다 위에서 보았을 때 에클레르의 가장자리가 살짝 보이는 정도로 입히는 것이 보기 좋다.

바닐라 에클레르

크림과 가나슈, 글라사주에서 모두 바닐라의 맛과 향이 진하게 나 고급스러운 에클레르다. 바닐라 빈은 산뜻한 꽃향기의 타히티산(産)과 진한 크림 향의 마다가스카르산(産) 중 어느 것을 선택하느냐에 따라 풍미가 확연히 다른 에클레르를 완성할 수 있다. 두 가지 바닐라 빈을 기호에 따라 블렌딩해 사용하는 것도 방법이다.

길이 13㎝, 폭 4㎝ 크기의 에클레르 12개

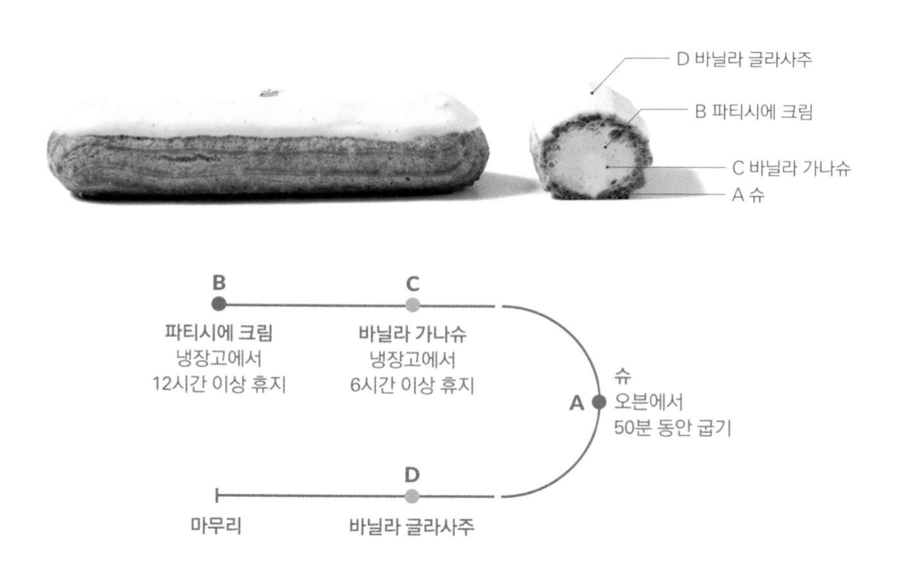

슈 Ⓐ CHOUX

물 100g
우유 100g
버터 88g
소금 4g
설탕 4g
중력분 110g
달걀 170g

1 냄비에 물, 우유, 버터, 소금, 설탕을 넣고 중불에서 버터가 녹을 때까지 끓인다.
2 불에서 내려 체 친 중력분을 넣고 섞는다.
3 다시 불에 올려 약불에서 빠르게 섞어 가며 호화시킨다.
4 믹서볼에 옮겨 비터로 60℃가 될 때까지 믹싱한 다음 푼 달걀을 조금씩 나누어 넣으며 믹싱한다.
5 에클레르 모양깍지(Matfer PF16)를 낀 짤주머니에 반죽을 넣고 철팬에 길이 12㎝, 폭 3㎝ 크기의 막대 모양으로 짠다.
6 미크리오(분량 외), 슈거파우더(분량 외)를 차례대로 가볍게 뿌린다.
7 160℃ 컨벡션 오븐에서 35분 동안 구운 뒤 오븐의 온도를 170℃로 올려 15분 동안 더 굽는다.

파티시에 크림 Ⓑ CRÈME PÂTISSIÈRE

우유 360g
설탕A 38g
바닐라 빈 1개
노른자 45g
설탕B 38g
옥수수 전분 19g
젤라틴 매스 21g
버터 120g

1 냄비에 우유, 설탕A, 바닐라 빈의 씨와 깍지를 넣고 끓기 직전까지 가열한다.
2 볼에 노른자, 설탕B, 옥수수 전분을 넣고 섞은 다음 ①을 조금씩 나누어 넣고 섞는다.
3 체에 걸러 다시 냄비에 옮긴 뒤 중불에서 거품기로 섞어 가며 호화시킨다.
4 불에서 내려 젤라틴 매스를 넣고 녹인다.
5 볼에 옮겨 45℃까지 식힌 뒤 부드러운 상태의 버터를 넣고 핸드블렌더로 믹싱한다.
6 표면에 랩을 밀착시키고 감싸 냉장고에서 12시간 이상 휴지시킨다.

바닐라 가나슈 Ⓒ GANACHE VANILLE

생크림 200g
바닐라 빈 1/2개
화이트초콜릿 200g
발로나 이보아르 35%

1 냄비에 생크림과 바닐라 빈의 씨를 넣고 80℃까지 가열한다.
2 볼에 화이트초콜릿을 넣고 ①을 체에 걸러 부은 다음 고루 섞는다.
3 핸드블렌더로 믹싱해 유화시킨 뒤 표면에 랩을 밀착시키고 감싸 냉장고에서 6시간 이상 휴지시킨다.

바닐라 글라사주 Ⓓ GLAÇAGE À LA VANILLE

생크림 125g
물엿 50g
바닐라 빈 1/2개
젤라틴 매스 35g
화이트초콜릿 160g
발로나 이보아르 35%
화이트코팅초콜릿 150g
카카오바리 파타글라세 아이보리
이산화 타이타늄 1g

1 냄비에 생크림, 물엿, 바닐라 빈의 씨를 넣고 끓기 직전까지 가열한다.
2 젤라틴 매스를 넣고 녹인다.
3 비커에 화이트초콜릿과 화이트코팅초콜릿, 이산화 타이타늄을 함께 넣고 ②를 부어 핸드블렌더로 믹싱한다.
tip 이산화 타이타늄은 재료의 색을 하얗게 만드는 역할을 한다.
tip 온도 28~30℃에서 사용하며 사용하기 전 다시 핸드블렌더로 믹싱한다.

마무리 MONTAGE

식용 금박 적당량

1 A(슈)의 아랫면에 작은 구멍을 3개 낸다.
2 짤주머니에 부드럽게 푼 B(파티시에 크림)를 넣고 ① 안에 90%까지 짜 넣는다.
3 다른 짤주머니에 부드럽게 푼 C(바닐라 가나슈)를 넣고 ② 안에 가득 짜 넣는다.
4 윗면에 D(바닐라 글라사주)를 입힌다.
5 식용 금박으로 장식한다.

커피 에클레르

향긋하면서 씁쓸한 커피의 아로마와 고소한 블론드초콜릿이 조화롭게 어우러진 에클레르다. 레시피에 사용할 원두는 기호에 따라 선택하면 되나 중·강배전 된 산미 있는 원두를 쓰는 것이 맛의 밸런스를 맞추기 좋다. 배전도가 너무 약한 원두는 커피 특유의 쌉싸름함이 묻힐 수 있으니 참고한다.

길이 13㎝, 폭 4㎝ 크기의 에클레르 12개

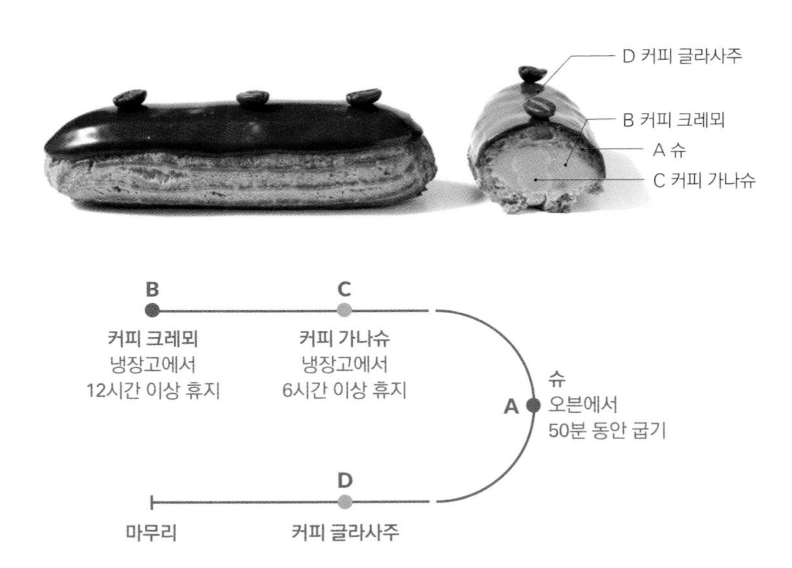

슈 Ⓐ CHOUX

물 100g
우유 100g
버터 88g
소금 4g
설탕 4g
중력분 110g
달걀 170g

1 냄비에 물, 우유, 버터, 소금, 설탕을 넣고 중불에서 버터가 녹을 때까지 끓인다.
2 불에서 내려 체 친 중력분을 넣고 섞는다.
3 다시 불에 올려 약불에서 빠르게 섞어 가며 호화시킨다.
4 믹서볼에 옮겨 비터로 60℃가 될 때까지 믹싱한 다음 푼 달걀을 조금씩 나누어 넣으며 믹싱한다.
5 에클레르 모양깍지(Matfer PF16)를 낀 짤주머니에 넣고 철팬에 길이 12㎝, 폭 3㎝ 크기의 막대 모양으로 짠다.
6 미크리오(분량 외), 슈거파우더(분량 외)를 차례대로 가볍게 뿌린다.
7 160℃ 컨벡션 오븐에서 35분 동안 구운 뒤 오븐의 온도를 170℃로 올려 15분 동안 더 굽는다.

커피 크레뫼 Ⓑ CRÉMEUX AU CAFÉ

생크림 350g
에스프레소 155g
설탕A 25g
노른자 70g
설탕B 25g
젤라틴 매스 56g
블론드초콜릿 200g
발로나 둘세 35%
버터 150g

1 냄비에 생크림, 에스프레소, 설탕A를 넣고 끓기 직전까지 가열한다.
2 볼에 노른자, 설탕B를 넣고 섞은 다음 ①을 조금씩 나누어 넣고 섞는다.
3 체에 걸러 다시 냄비에 옮긴 뒤 약불에서 저어 가며 83~85℃까지 가열한다.
4 불에서 내려 젤라틴 매스를 넣고 녹인 후 블론드초콜릿에 붓고 고루 섞는다.
5 핸드블렌더로 믹싱해 유화시키고 45℃까지 식힌 뒤 부드러운 상태의 버터를 넣고 핸드블렌더로 다시 믹싱한다.
6 표면에 랩을 밀착시키고 감싸 냉장고에서 12시간 이상 휴지시킨다.

커피 가나슈 Ⓒ GANACHE AU CAFÉ

생크림 200g
원두 10g
블론드초콜릿 250g
발로나 둘세 35%

1 냄비에 생크림, 분쇄한 원두를 넣고 80℃까지 가열한 다음 불에서 내려 랩으로 감싸고 10분 동안 향을 우린다.
2 볼에 블론드초콜릿을 넣고 ①을 체에 걸러 부은 뒤 고루 섞는다.
3 핸드블렌더로 믹싱해 유화시킨 후 표면에 랩을 밀착시키고 감싸 냉장고에서 6시간 이상 휴지시킨다.

커피 글라사주 (D) GLAÇAGE AU CAFÉ

생크림 130g
물엿 50g
원두 10g
젤라틴 매스 35g
다크초콜릿 160g
칼리바우트 815 57.5%
다크코팅초콜릿 150g
카카오바리 파타글라세 브라운

1 냄비에 생크림, 물엿, 분쇄한 원두를 넣고 끓기 직전까지 가열한다.
2 젤라틴 매스를 넣고 녹인 다음 체에 거른다.
3 비커에 다크초콜릿, 다크코팅초콜릿을 함께 넣고 ②를 부어 핸드블렌더로 믹싱한다.
tip 온도 28~30℃에서 사용하며 사용하기 전 다시 핸드블렌더로 믹싱한다.

마무리 MONTAGE

원두 적당량

1 A(슈)의 아랫면에 작은 구멍을 3개 낸다.
2 짤주머니에 부드럽게 푼 B(커피 크레뫼)를 넣고 ① 안에 90%까지 짜 넣는다.
3 다른 짤주머니에 부드럽게 푼 C(커피 가나슈)를 넣고 ② 안에 가득 짜 넣는다.
4 윗면에 D(커피 글라사주)를 입힌다.
5 원두로 장식한다.

CHOUX

ÉCLAIR AUX TROIS CHOCOLATS

세 가지 초콜릿 에클레르

화이트, 밀크, 다크초콜릿을 함께 사용해 다채로운 초콜릿의 매력을 느낄 수 있는 에클레르다. 슈 아 라 크렘을 여러 개 연결한 모양으로 디자인해 맛별로 하나씩 떼어 먹는 재미가 있다.

길이 13㎝, 폭 4㎝ 크기의 에클레르 12개

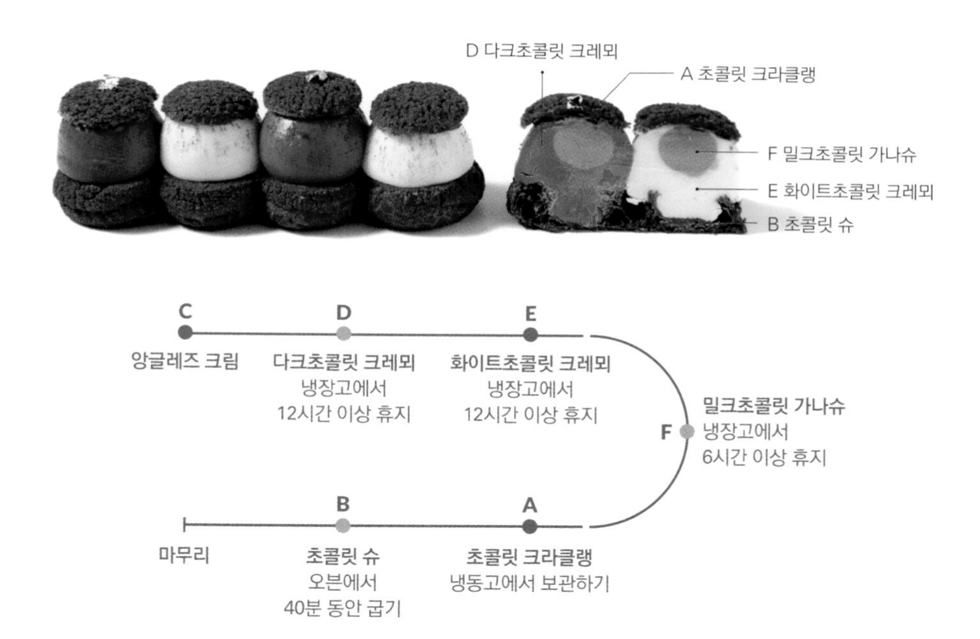

초콜릿 크라클랭 Ⓐ CRAQUELIN AU CHOCOLAT

버터 50g
설탕 62g
박력분 55g
코코아파우더 7g

1 믹서볼에 버터, 설탕을 넣고 믹싱한다.
2 함께 체 친 박력분, 코코아파우더를 넣고 한 덩어리가 될 때까지 믹싱한다.
3 0.2㎝ 두께로 밀어 편 다음 지름 3㎝ 원형 커터로 찍어 잘라 냉동고에서 보관한다.

초콜릿 슈 Ⓑ CHOUX AU CHOCOLAT

물 100g
우유 100g
버터 88g
소금 4g
설탕 4g
중력분 100g
코코아파우더 20g
달걀 190g

1 냄비에 물, 우유, 버터, 소금, 설탕을 넣고 중불에서 버터가 녹을 때까지 끓인다.
2 불에서 내려 체 친 중력분, 코코아파우더를 넣고 섞는다.
3 다시 불에 올려 약불에서 빠르게 섞어 가며 호화시킨다.
4 믹서볼에 옮겨 비터로 60℃가 될 때까지 믹싱한 다음 푼 달걀을 조금씩 나누어 넣으며 믹싱한다.
5 지름 1㎝ 크기의 원형 깍지를 낀 짤주머니에 반죽을 넣고 철팬에 지름 3㎝ 크기의 원형으로 4개를 이어 짠 뒤 윗면에 A(초콜릿 크라클랭)를 올린다.
6 170℃ 컨벡션 오븐에서 40분 동안 굽는다.

앙글레즈 크림 Ⓒ CRÈME ANGLAISE

우유 400g
생크림 460g
설탕A 50g
노른자 140g
설탕B 50g

1 냄비에 우유, 생크림, 설탕A를 넣고 끓기 직전까지 가열한다.
2 볼에 노른자, 설탕B를 넣고 섞은 다음 ①을 조금씩 나누어 넣고 섞는다.
3 체에 걸러 다시 냄비에 옮긴 뒤 약불에서 저어 가며 83~85℃까지 가열한다.

다크초콜릿 크레뫼 Ⓓ CRÉMEUX AU CHOCOLAT NOIR

C(앙글레즈 크림) 절반
젤라틴 매스 49g
다크초콜릿 200g
발로나 과나하 70%
버터 130g

1 83~85℃의 C(앙글레즈 크림)에 젤라틴 매스를 넣고 녹인다.
2 볼에 다크초콜릿을 넣고 ①을 부은 다음 고루 섞는다.
3 핸드블렌더로 믹싱해 유화시키고 45℃까지 식힌 다음 부드러운 상태의 버터를 넣고 핸드블렌더로 다시 믹싱한다.
4 표면에 랩을 밀착시키고 감싸 냉장고에서 12시간 이상 휴지시킨다.

화이트초콜릿 크레뫼 Ⓔ CRÉMEUX AU CHOCOLAT BLANC

C(앙글레즈 크림) 절반
젤라틴 매스 49g
화이트초콜릿 200g
발로나 이보아르 35%
버터 130g

1 83~85℃의 C(앙글레즈 크림)에 젤라틴 매스를 넣고 녹여 핸드블렌더로 믹싱한 다음 화이트초콜릿에 붓고 고루 섞는다.
2 핸드블렌더로 믹싱해 유화시키고 45℃까지 식힌 뒤 부드러운 상태의 버터를 넣고 핸드블렌더로 다시 믹싱한다.
3 표면에 랩을 밀착시키고 감싸 냉장고에서 12시간 이상 휴지시킨다.

밀크초콜릿 가나슈 Ⓕ GANACHE AU CHOCOLAT AU LAIT

생크림 250g
밀크초콜릿 200g
발로나 지바라 40%

1 냄비에 생크림을 넣고 80℃까지 가열한다.
2 볼에 밀크초콜릿을 넣고 ①을 부은 다음 고루 섞는다.
3 핸드블렌더로 믹싱해 유화시킨 뒤 표면에 랩을 밀착시키고 감싸 냉장고에서 6시간 이상 휴지시킨다.

마무리 MONTAGE

코코아파우더 적당량
식용 금박 적당량

1 B(초콜릿 슈)를 위의 1/4 지점에서 자른다.
2 지름 2㎝ 크기의 원형 깍지를 낀 서로 다른 짤주머니에 부드럽게 푼 D(다크초콜릿 크레뫼)와 E(화이트초콜릿 크레뫼)를 각각 넣은 다음 ① 안에 슈보다 높이가 높게 올라오도록 번갈아 짠다.
3 또 다른 짤주머니에 부드럽게 푼 F(밀크초콜릿 가나슈)를 넣고 ②의 크레뫼 안쪽에 짠 뒤 잘라 낸 B(초콜릿 슈)의 윗면을 올린다.
tip 잘라 낸 슈 윗면의 모양이 불규칙하면 원형 커터를 사용해 다듬는다.
4 윗면을 코코아파우더, 식용 금박으로 장식한다.

딸기 에클레르

겨울철 수르기의 인기 메뉴로, 부드러운 바닐라 크림과 달콤한 딸기 크림 그리고 고소한 헤이즐넛의 환상적인 마리아주를 경험할 수 있다. 디저트에 사용하는 딸기는 당도와 산미의 밸런스가 좋고 과육이 단단한 죽향 딸기를 추천한다.

길이 13㎝, 폭 4㎝ 크기의 에클레르 12개

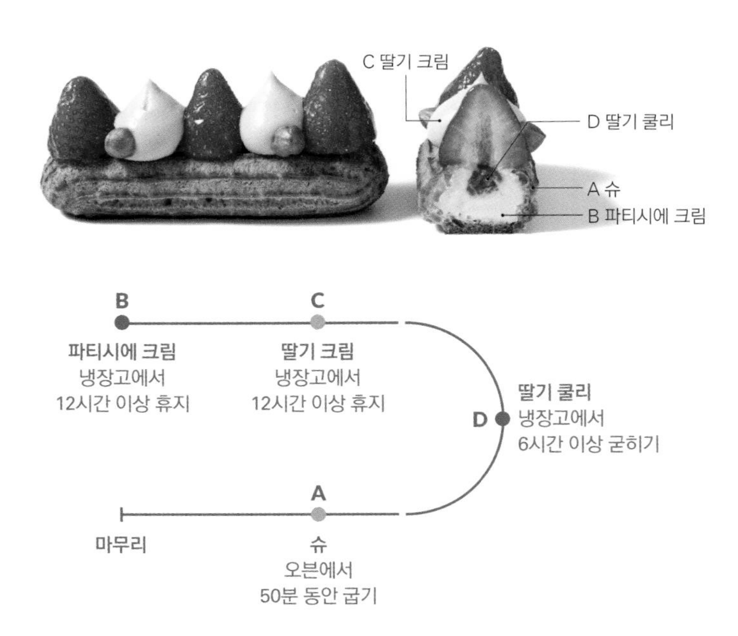

슈 Ⓐ CHOUX

물 100g
우유 100g
버터 88g
소금 4g
설탕 4g
중력분 110g
달걀 170g

1 냄비에 물, 우유, 버터, 소금, 설탕을 넣고 중불에서 버터가 녹을 때까지 끓인다.
2 불에서 내려 체 친 중력분을 넣고 섞는다.
3 다시 불에 올려 약불에서 빠르게 섞어 가며 호화시킨다.
4 믹서볼에 옮겨 비터로 60℃가 될 때까지 믹싱한 다음 푼 달걀을 조금씩 나누어 넣으며 믹싱한다.
5 에클레르 모양깍지(Matfer PF16)를 낀 짤주머니에 넣은 뒤 철팬에 길이 12㎝, 폭 3㎝ 크기의 막대 모양으로 짠다.
6 윗면에 미크리오(분량 외), 슈거파우더(분량 외)를 차례대로 가볍게 뿌린다.
7 160℃ 컨벡션 오븐에서 35분 동안 구운 후 170℃로 오븐의 온도를 높여 15분 동안 더 굽는다.

파티시에 크림 Ⓑ CRÈME PÂTISSIÈRE

우유 360g
설탕A 38g
바닐라 빈 1개
노른자 45g
설탕B 38g
옥수수 전분 19g
젤라틴 매스 21g
버터 120g

1 냄비에 우유, 설탕A, 바닐라 빈의 씨와 깍지를 넣고 끓기 직전까지 가열한다.
2 볼에 노른자, 설탕B, 옥수수 전분을 넣고 섞은 다음 ①을 조금씩 나누어 넣으면서 섞는다.
3 체에 걸러 다시 냄비에 옮긴 뒤 중불에서 거품기로 섞어 가며 호화시킨다.
4 불에서 내려 젤라틴 매스를 넣고 녹인다.
5 볼에 옮겨 45℃까지 식힌 후 부드러운 상태의 버터를 넣고 핸드블렌더로 믹싱한다.
6 표면에 랩을 밀착시키고 감싸 냉장고에서 12시간 이상 휴지시킨다.

딸기 크림 Ⓒ CRÈME À LA FRAISE

딸기 퓌레 60g
18°±1Brix
설탕A 23g
달걀 80g
설탕B 23g
젤라틴 매스 21g
버터 120g

1 냄비에 딸기 퓌레, 설탕A를 넣고 끓인다.
2 볼에 달걀, 설탕B를 넣고 거품기로 섞은 다음 ①을 조금씩 나누어 넣고 섞는다.
3 체에 걸러 냄비에 옮긴 뒤 중불에서 실리콘 주걱으로 저어 가며 73~75℃까지 가열한다.
4 젤라틴 매스를 넣고 녹인 후 볼에 옮겨 45℃까지 식힌다.
5 부드러운 상태의 버터를 넣고 핸드블렌더로 믹싱한다.
6 표면에 랩을 밀착시키고 감싸 냉장고에서 12시간 이상 휴지시킨다.

딸기 쿨리 (D) COULIS DE FRAISES

딸기 퓌레 100g
18°±1Brix
설탕 10g
젤라틴 매스 14g

1 냄비에 딸기 퓌레, 설탕을 넣고 끓인다.
2 끓기 시작하면 불에서 내려 젤라틴 매스를 넣고 녹인다.
3 트레이에 옮겨 표면에 랩을 밀착시키고 감싼 다음 냉장고에서 6시간 이상 굳힌다.

마무리 MONTAGE

딸기 적당량
데코스노우 적당량
헤이즐넛 적당량

1 A(슈)의 윗부분을 잘라 낸다.
2 짤주머니에 부드럽게 푼 B(파티시에 크림)를 넣고 ①의 안에 90%까지 짜 넣는다.
3 다른 짤주머니에 부드럽게 푼 D(딸기 쿨리)를 넣고 ②의 안에 가득 짜 넣는다.
4 윗면의 양 끝과 가운데에 딸기를 올린다.
tip 딸기는 꼭지를 자른 다음 표면에 뉴트럴 글레이즈(분량 외)를 얇게 코팅해 준비한다.
5 지름 2㎝ 크기의 원형 깍지를 낀 또 다른 짤주머니에 부드럽게 푼 C(딸기 크림)를 넣고 딸기 사이사이에 물방울 모양으로 짠다.
6 딸기 위에 데코스노우를 뿌리고 헤이즐넛으로 장식한다.
tip 헤이즐넛은 180℃ 오븐에서 10분 동안 구운 뒤 붉은색 식용 금분을 묻혀 준비한다.

블루베리 에클레르

블루베리와 헤이즐넛의 독특한 조합을 경험할 수 있는 블루베리 에클레르. 블루베리는 알이 크고 단단할수록 신선하고 당도도 높으므로 좋은 상태의 블루베리를 선별해 에클레르에 사용하도록 한다.

길이 13㎝, 폭 4㎝ 크기의 에클레르 12개

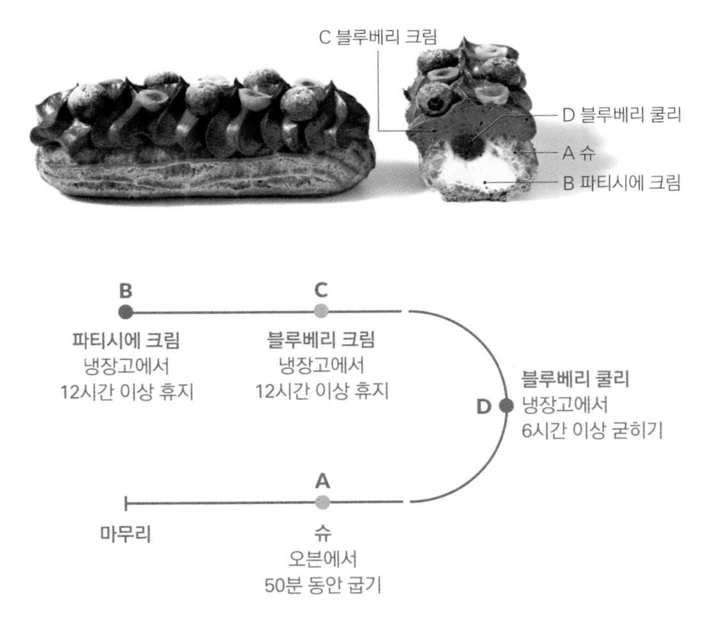

슈 Ⓐ CHOUX

물 100g
우유 100g
버터 88g
소금 4g
설탕 4g
중력분 110g
달걀 170g

1 냄비에 물, 우유, 버터, 소금, 설탕을 넣고 중불에서 버터가 녹을 때까지 끓인다.
2 불에서 내려 체 친 중력분을 넣고 섞는다.
3 다시 불에 올려 약불에서 빠르게 섞어 가며 호화시킨다.
4 믹서볼에 옮겨 비터로 60℃가 될 때까지 믹싱한 다음 푼 달걀을 조금씩 나누어 넣으며 믹싱한다.
5 에클레르 모양깍지(Matfer PF16)를 낀 짤주머니에 반죽을 넣은 뒤 철팬에 길이 12㎝, 폭 3㎝ 크기의 막대 모양으로 짠다.
6 윗면에 미크리오(분량 외), 슈거파우더(분량 외)를 차례대로 가볍게 뿌린다.
7 160℃ 컨벡션 오븐에서 35분 동안 구운 후 170℃로 오븐의 온도를 높여 15분 동안 더 굽는다.

파티시에 크림 Ⓑ CRÈME PÂTISSIÈRE

우유 360g
설탕A 38g
바닐라 빈 1개
노른자 45g
설탕B 38g
옥수수 전분 19g
젤라틴 매스 21g
버터 120g

1 냄비에 우유, 설탕A, 바닐라 빈의 씨와 깍지를 넣고 끓기 직전까지 가열한다.
2 볼에 노른자, 설탕B, 옥수수 전분을 넣고 섞은 다음 ①을 조금씩 나누어 넣으면서 섞는다.
3 체에 걸러 다시 냄비에 옮긴 뒤 중불에서 거품기로 섞어 가며 호화시킨다.
4 불에서 내려 젤라틴 매스를 넣고 녹인다.
5 볼에 옮겨 45℃까지 식힌 뒤 부드러운 상태의 버터를 넣고 핸드블렌더로 믹싱한다.
6 표면에 랩을 밀착시키고 감싸 냉장고에서 12시간 이상 휴지시킨다.

블루베리 크림 Ⓒ CRÈME DE MYRTILLES

블루베리 퓌레 100g
12°±2Brix
설탕A 40g
달걀 132g
설탕B 40g
젤라틴 매스 35g
버터 200g

1 냄비에 블루베리 퓌레, 설탕A를 넣고 끓인다.
2 볼에 달걀, 설탕B를 넣고 거품기로 섞은 다음 ①을 조금씩 나누어 넣고 섞는다.
3 체에 걸러 냄비에 옮긴 뒤 중불에서 실리콘 주걱으로 저어 가며 70~72℃까지 가열한다.
4 젤라틴 매스를 넣고 녹인 후 볼에 옮겨 45℃까지 식힌다.
5 부드러운 상태의 버터를 넣고 핸드블렌더로 믹싱한다.
6 표면에 랩을 밀착시키고 감싸 냉장고에서 12시간 이상 휴지시킨다.

블루베리 쿨리 Ⓓ COULIS DE MYRTILLES

블루베리 퓌레 100g
12°±2Brix
설탕 10g
젤라틴 매스 14g

1 냄비에 블루베리 퓌레, 설탕을 넣고 끓인다.
2 끓기 시작하면 불에서 내려 젤라틴 매스를 넣고 녹인다.
3 트레이에 옮겨 표면에 랩을 밀착시키고 감싼 다음 냉장고에서 6시간 이상 굳힌다.

마무리 MONTAGE

데코스노우 적당량
블루베리 적당량
헤이즐넛 적당량

1 A(슈)의 윗부분을 잘라 낸다.
2 짤주머니에 부드럽게 푼 B(파티시에 크림)를 넣고 ①의 안에 90%까지 짜 넣는다.
3 다른 짤주머니에 부드럽게 푼 D(블루베리 쿨리)를 넣고 ②의 안에 가득 짜 넣는다.
4 별 모양깍지(171K)를 낀 또 다른 짤주머니에 C(블루베리 크림)를 부드럽게 풀어 넣고 윗면에 별 모양 6개를 이어 짠다.
5 데코스노우를 뿌린 블루베리와 헤이즐넛으로 장식한다.
tip 헤이즐넛은 180℃ 오븐에서 10분 동안 굽고 반으로 잘라 준비한다.

홍시 에클레르

겨울철 빼놓을 수 없는 우리나라 대표 간식 홍시를 주재료로 해 달콤하고 부드러운 홍시의 맛을 즐길 수 있는 에클레르를 완성했다. 홍시를 구하기 어렵거나 홍시 퓌레를 만드는 것이 번거롭다면 시중에 판매하는 감 퓌레를 사용해 비슷한 맛을 구현할 수 있다.

길이 13㎝, 폭 4㎝ 크기의 에클레르 12개

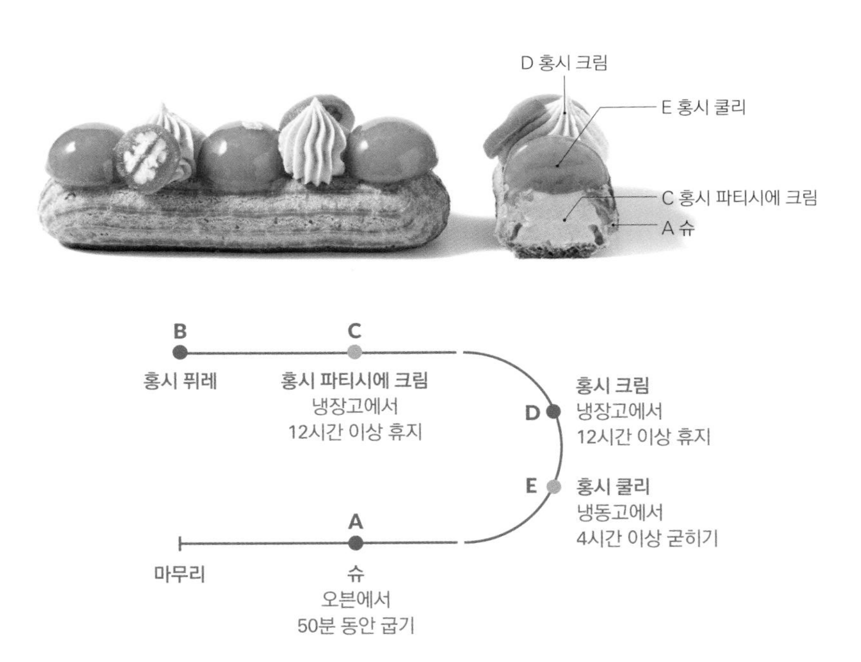

슈 Ⓐ CHOUX

물 100g
우유 100g
버터 88g
소금 4g
설탕 4g
중력분 110g
달걀 170g

1 냄비에 물, 우유, 버터, 소금, 설탕을 넣고 중불에서 버터가 녹을 때까지 끓인다.
2 불에서 내려 체 친 중력분을 넣고 섞는다.
3 다시 불에 올려 약불에서 빠르게 섞어 가며 호화시킨다.
4 믹서볼에 옮겨 비터로 60℃가 될 때까지 믹싱한 다음 푼 달걀을 조금씩 나누어 넣으며 믹싱한다.
5 에클레르 모양깍지(Matfer PF16)를 낀 짤주머니에 반죽을 넣은 뒤 철팬에 길이 12㎝, 폭 3㎝ 크기의 막대 모양으로 짠다.
6 윗면에 미크리오(분량 외), 슈거파우더(분량 외)를 차례대로 가볍게 뿌린다.
7 160℃ 컨벡션 오븐에서 35분 동안 구운 후 170℃로 오븐의 온도를 높여 15분 동안 더 굽는다.

홍시 퓌레 Ⓑ PURÉE HONG-SI

홍시 3개(약 500g)

1 홍시의 껍질은 벗기고 반으로 잘라 씨와 흰 섬유질을 제거한다.
2 블렌더에 넣고 간 다음 체에 거른다.

홍시 파티시에 크림 Ⓒ CRÈME PÂTISSIÈRE HONG-SI

우유 180g
B(홍시 퓌레) 180g
노른자 45g
설탕 38g
옥수수 전분 18g
젤라틴 매스 21g
버터 120g

1 냄비에 우유, B(홍시 퓌레)를 넣고 끓기 직전까지 가열한다.
2 볼에 노른자, 설탕, 옥수수 전분을 넣고 섞은 다음 ①을 조금씩 나누어 넣고 섞는다.
3 체에 걸러 다시 냄비에 옮긴 뒤 중불에서 거품기로 섞어 가며 호화시킨다.
4 불에서 내려 젤라틴 매스를 넣고 녹인다.
5 볼에 옮겨 45℃까지 식힌 후 부드러운 상태의 버터를 넣고 핸드블렌더로 믹싱한다.
6 표면에 랩을 밀착시키고 감싸 냉장고에서 12시간 이상 휴지시킨다.

홍시 크림 Ⓓ CRÈME HONG-SI

B(홍시 퓌레) 60g
설탕A 23g
달걀 80g
설탕B 23g
젤라틴 매스 21g
버터 120g

1 냄비에 B(홍시 퓌레), 설탕A를 넣고 끓인다.
2 볼에 달걀, 설탕B를 넣고 거품기로 섞은 다음 ①을 조금씩 나누어 넣고 섞는다.
3 체에 걸러 냄비에 옮긴 뒤 중불에서 실리콘 주걱으로 저어 가며 73~75℃까지 가열한다.
4 젤라틴 매스를 넣고 녹인 후 볼에 옮겨 45℃까지 식힌다.
5 부드러운 상태의 버터를 넣고 핸드블렌더로 믹싱한다.
6 표면에 랩을 밀착시키고 감싸 냉장고에서 12시간 이상 휴지시킨다.

홍시 쿨리 Ⓔ COULIS HONG-SI

B(홍시 퓌레) 100g
설탕 7g
젤라틴 매스 14g

1 냄비에 B(홍시 퓌레), 설탕을 넣고 끓인다.
2 끓기 시작하면 불에서 내려 젤라틴 매스를 넣고 녹인다.
3 지름 3.5㎝ 크기의 반구 모양 실리콘 몰드에 넣고 냉동고에서 4시간 이상 굳힌다.

마무리 MONTAGE

곶감 적당량
피칸 적당량
뉴트럴 글레이즈 적당량
식용 금박 적당량

1 곶감은 반으로 잘라 씨를 뺀 다음 피칸을 넣고 돌돌 말아 냉동고에서 보관한다.
2 A(슈)의 윗부분을 잘라 낸다.
3 짤주머니에 부드럽게 푼 C(홍시 파티시에 크림)를 넣고 ②의 안에 가득 짜 넣는다.
4 몰드에서 뺀 E(홍시 쿨리)의 표면에 뉴트럴 글레이즈를 입힌 뒤 ③의 윗면 양 끝과 가운데에 올린다.
5 에클레르 모양깍지(Matfer PF16)를 낀 다른 짤주머니에 부드럽게 푼 D(홍시 크림)를 넣고 ④의 쿨리 사이사이에 짠다.
6 ①을 얇게 썰어 올리고 식용 금박으로 장식한다.
tip 곶감 말이는 완전히 언 상태에서 썰어야 균일한 두께로 자를 수 있다.

훌라 에클레르

코코넛, 망고, 파인애플 등이 주재료로, 열대 과일이 만들어 내는 앙상블이 휴양지 하와이에 와 있는 듯한 느낌을 선사한다. 이국적인 향과 맛이 돋보이며 특히 여름에 시원하게 즐기기 좋다.

길이 13㎝, 폭 4㎝ 크기의 에클레르 12개

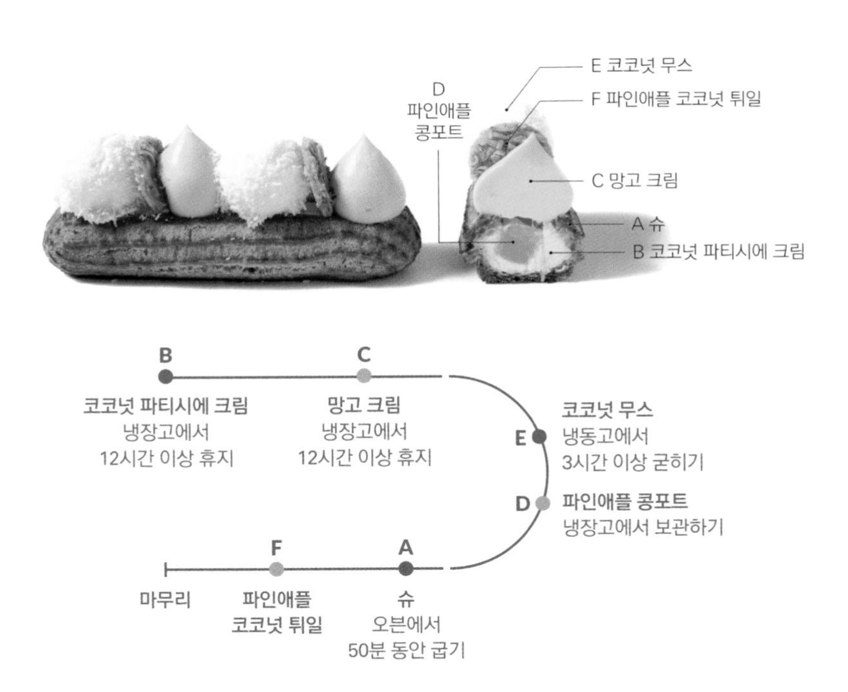

슈 Ⓐ CHOUX

- 물 100g
- 우유 100g
- 버터 88g
- 소금 4g
- 설탕 4g
- 중력분 110g
- 달걀 170g

1. 냄비에 물, 우유, 버터, 소금, 설탕을 넣고 중불에서 버터가 녹을 때까지 끓인다.
2. 불에서 내려 체 친 중력분을 넣고 섞는다.
3. 다시 불에 올려 약불에서 빠르게 섞어 가며 호화시킨다.
4. 믹서볼에 옮겨 비터로 60℃가 될 때까지 믹싱한 다음 푼 달걀을 조금씩 나누어 넣으며 믹싱한다.
5. 에클레르 모양깍지(Matfer PF16)를 낀 짤주머니에 반죽을 넣은 뒤 철판에 길이 12㎝, 폭 3㎝ 크기의 막대 모양으로 짠다.
6. 윗면에 미크리오(분량 외), 슈거파우더(분량 외)를 차례대로 가볍게 뿌린다.
7. 160℃ 컨벡션 오븐에서 35분 동안 구운 후 170℃로 오븐의 온도를 높여 15분 동안 더 굽는다.

코코넛 파티시에 크림 Ⓑ CRÈME PATISSIERE À LA NOIX DE COCO

- 우유 180g
- 코코넛 밀크 180g
- 설탕A 38g
- 노른자 45g
- 설탕B 38g
- 옥수수 전분 18g
- 젤라틴 매스 21g
- 버터 120g

1. 냄비에 우유, 코코넛 밀크, 설탕A를 넣고 끓기 직전까지 가열한다.
2. 볼에 노른자, 설탕B, 옥수수 전분을 넣고 섞은 다음 ①을 조금씩 나누어 넣고 섞는다.
3. 체에 걸러 다시 냄비에 옮긴 뒤 중불에서 거품기로 섞어 가며 호화시킨다.
4. 불에서 내려 젤라틴 매스를 넣고 녹인다.
5. 볼에 옮겨 45℃까지 식힌 후 부드러운 상태의 버터를 넣고 핸드블렌더로 믹싱한다.
6. 표면에 랩을 밀착시키고 감싸 냉장고에서 12시간 이상 휴지시킨다.

망고 크림 Ⓒ CRÈME DE MANGUE

- 망고 퓌레 60g
  19°±2Brix
- 설탕A 23g
- 달걀 80g
- 설탕B 23g
- 젤라틴 매스 21g
- 버터 120g

1. 냄비에 망고 퓌레, 설탕A를 넣고 끓인다.
2. 볼에 달걀, 설탕B를 넣고 거품기로 섞은 다음 ①을 조금씩 나누어 넣고 섞는다.
3. 체에 걸러 냄비에 옮긴 뒤 중불에서 실리콘 주걱으로 저어 가며 72~73℃까지 가열한다.
4. 젤라틴 매스를 넣고 녹인 후 볼에 옮겨 45℃까지 식힌다.
5. 부드러운 상태의 버터를 넣고 핸드블렌더로 믹싱한다.
6. 표면에 랩을 밀착시키고 감싸 냉장고에서 12시간 이상 휴지시킨다.

파인애플 콩포트 Ⓓ COMPOTE D'ANANAS

파인애플 200g
설탕 20g
파인애플 럼 15g

1 냄비에 파인애플, 설탕을 넣고 중불에서 볶다가 파인애플에서 과즙이 나오기 시작하면 강불에서 과즙이 모두 날아갈 때까지 졸인다.
tip 파인애플은 껍질을 제거한 다음 1.5㎝ 크기의 큐브 모양으로 잘라 사용한다.
2 불에서 내려 파인애플 럼을 넣고 섞는다.
3 잠시 식힌 다음 밀폐 용기에 넣고 냉장고에서 보관한다.

코코넛 무스 Ⓔ MOUSSE À LA NOIX DE COCO

코코넛 밀크 200g
우유 35g
설탕 25g
젤라틴 매스 42g
생크림 180g

1 냄비에 코코넛 밀크, 우유, 설탕을 넣고 80℃까지 가열한다.
2 젤라틴 매스를 넣고 녹인 다음 30℃까지 식힌다.
3 믹서볼에 생크림을 넣고 70%까지 휘핑한다.
4 ②에 ③을 조금씩 나누어 넣고 섞는다.
5 지름 3.5㎝ 크기의 구 모양 실리콘 몰드에 넣고 냉동고에서 3시간 이상 굳힌다.

파인애플 코코넛 튀일 Ⓕ TUILES ANANAS ET NOIX DE COCO

파인애플 퓌레 20g
14°±2Brix
설탕 35g
박력분 20g
버터 20g
코코넛 슬라이스 적당량

1 볼에 파인애플 퓌레, 설탕을 넣고 섞는다.
2 박력분을 넣고 섞은 다음 녹인 버터를 넣고 섞는다.
3 실리콘 매트에 부어 스패튤러로 얇게 밀어 편 뒤 윗면에 코코넛 슬라이스를 뿌린다.
4 160℃ 오븐에서 10분 동안 굽는다.
5 뜨거울 때 지름 3㎝ 크기의 원형 커터로 찍어 자르고 상온에서 식힌다.

마무리 MONTAGE

뉴트럴 글레이즈 적당량
코코넛파우더 적당량

1 A(슈)의 윗부분을 잘라 낸다.
2 짤주머니에 부드럽게 푼 B(코코넛 파티시에 크림)를 넣고 ①의 안에 80%까지 짜 넣는다.
3 ②에 D(파인애플 콩포트)를 숟가락으로 가득 채워 넣는다.
4 몰드에서 뺀 E(코코넛 무스)의 겉면에 뉴트럴 글레이즈, 코코넛파우더를 차례대로 입힌 다음 ③의 윗면에 2개를 일정한 간격으로 올린다.
5 F(파인애플 코코넛 튀일)를 무스 옆에 올린다.
6 지름 2㎝ 크기의 원형 깍지를 낀 또 다른 짤주머니에 부드럽게 푼 C(망고 크림)를 넣고 튀일 옆에 물방울 모양으로 짠다.

Chapter 4

SAINT-HONORÉ

생토노레

생토노레는 1840년경 파리 생토노레 거리(Rue Saint-Honoré)에 있는 제과점 달로와요의 셰프였던 시부스트(Chiboust)가 가장 처음 고안했다. '생토노레'라는 이름은 제과점이 있었던 거리의 명칭에서 유래되었다고도 하며, 제과점 수호 성인인 성 오노레(Saint-honoré)에게 바치는 과자에서 비롯되었다고도 한다. 초창기 생토노레는 슈가 아닌, 브리오슈로 만들었는데 파티시에 오귀스트 줄리앵(Auguste Jurien)이 브리오슈 대신 슈를 사용해 오늘날의 형태에 가장 가까운 모습으로 완성했다.

생토노레 포인트

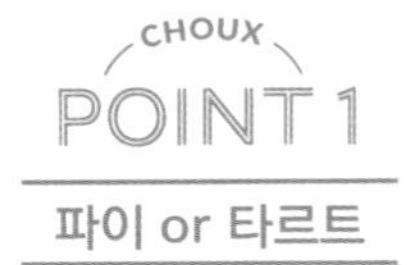

파이 or 타르트

생토노레 바닥에 까는 푀이테 반죽은 3가지 방법으로 만들 수 있다. 첫째는 데트랑프*로 버터를 감싸고 밀어 펴 접는 과정을 반복하는 '푀이타주 오르디네르', 둘째는 소량의 밀가루를 섞은 버터로 데트랑프*를 감싼 뒤 밀어 펴 접는 과정을 반복하는 '푀이타주 앵베르세', 마지막으로 작게 자른 버터와 밀가루를 한꺼번에 반죽하는 '푀이타주 라피드'가 그것이다. 최근에는 푀이테 반죽 대신 만드는 방법이 간편한 퐁세 반죽을 사용하기도 하는데 퐁세 반죽 가운데서도 특히 사블레 반죽이 바스라지는 식감이 뛰어나 생토노레의 바닥 반죽으로 잘 어울린다. 푀이테 반죽과 퐁세 반죽은 모두 버터의 풍부한 맛과 바삭한 식감을 가지고 있다는 점이 특징이다.

NOTE

* 데트랑프 [Détrempe] 푀이테 반죽을 만드는 준비 작업으로 버터, 우유, 달걀 등이 들어가지 않고 밀가루, 물, 소금만을 섞은 상태의 반죽을 뜻한다.

푀이테 반죽 Pâte Feuilletée

푀이타주 오르디네르 Feuilletage Ordinaire

데트랑프로 버터를 감싸고 밀어 펴 접는 과정을 반복해 반죽에 일정한 결을 만든다. 층이 비교적 잘 생기고 바삭한 식감이 뛰어난 장점이 있으나, 크림과 닿으면 수분을 빨아들여 쉽게 눅눅해지는 단점이 있다.

푀이타주 앵베르세 Feuilletage Inverse

푀이타주 앵베르세는 푀이타주 오르디네르 제법과 반대로 만드는데 프랑스어로 앵베르세가 '반대'라는 뜻이다. 밀가루를 소량 넣은 버터로 데트랑프를 감싸고 밀어 펴 접는 과정을 반복해 완성한다. 푀이타주 오르디네르보다 결이 잘 살고 볼륨이 좋아 파이 그대로 먹는 메뉴에 많이 이용한다.

푀이타주 라피드 Feuilletage Rapide

'빠르다'라는 의미의 푀이타주 라피드는 밀가루에 깍둑썰기 한 차가운 상태의 버터를 넣고 섞어 한 덩어리로 만든 다음 바로 밀어 펴고 접는 과정을 거친다. 휴지 시간이 짧아 다른 반죽에 비해 단시간 내에 반죽을 완성할 수 있으며 수분에도 강한 장점이 있다. 하지만 반죽 속에 버터가 얼기설기 섞여 있어 선명하고 정교한 결을 내지는 못하고 볼륨이 작다는 단점이 있다.

퐁세 반죽 Pâte à Foncer

파트 쉬크레 Pâte Sucrée

부드러운 상태의 버터에 슈거파우더, 달걀, 소금, 밀가루 등을 넣고 만든다. 다른 파이 반죽에 비해 비교적 설탕 함량이 높으며 덜 부서지고 단단한 특징이 있다.

파트 브리제 Pâte Brisée

설탕을 넣지 않고 만들어 담백하며, 소금의 짭짤한 맛이 특징이다. 타르트 외에도 키슈, 플랑 등을 만들 때 활용된다. 다른 반죽에 비해 바삭한 느낌이 덜하고 입 안에서 부드럽게 부서진다.

파트 사블레 Pâte Sablée

밀가루에 작게 자른 차가운 버터를 넣고 손으로 비벼 보슬보슬한 모래(sable) 상태로 만들고 슈거파우더, 달걀 등을 첨가해 만드는 반죽이다. 재료들이 서로 완벽하게 결합되지 않기 때문에 잘 부서진다. 사블레 비스킷을 만들거나, 타르트, 프티 푸르 등에 활용된다.

캐러멜 코팅

슈에 캐러멜을 입히는 것은 크림을 채운 후 시간이 지나며 눅눅해지는 현상을 방지하고 바삭한 식감을 유지하기 위해서다. 캐러멜은 물, 물엿, 설탕을 180℃까지 가열하여 만드는데 원하는 갈색을 띨 때 불에서 내려 찬물에 냄비 바닥을 3초 정도 담그고 식히면 완성이다. 불에서 내린 뒤 식히는 과정을 거치지 않으면 잔열로 인해 계속해서 캐러멜화가 진행되고, 반대로 너무 차갑게 식히면 캐러멜이 굳어 매끈하게 코팅되기 어렵다. 작업 중 캐러멜이 굳어 작업하기 어려울 때는 다시 약불에서 냄비 손잡이를 잡고 캐러멜을 돌려 가며 데워 사용하면 된다. 이때 너무 센 불에서 캐러멜을 데우면 캐러멜이 탈 수 있고, 주걱으로 휘저어 공기 방울이 들어가면 색이 탁해질 수 있으니 주의한다. 재가열하는 횟수가 많아질수록 캐러멜색이 진해지고 탁해지므로 캐러멜 완성 후 빠르게 코팅 작업을 마치도록 한다. 한편, 반구형 실리콘 몰드의 바닥에 캐러멜 입힌 부분이 닿도록 놓고 작업하면 작업의 속도를 높일 수 있을 뿐만 아니라 균일하고 매끈한 모양의 결과물을 얻을 수 있다. 최근에는 크라클랭을 올려 구운 슈에 글라사주나 초콜릿을 입히기도 한다.

크렘 시부스트

파티시에 '시부스트'가 처음 생토노레를 만들었을 때 사용했던 크림. 그의 이름을 붙여 시부스트 크림이라 불리며 생토노레에 사용되기 때문에 생토노레 크림이라고도 한다. 파티시에 크림에 머랭과 젤라틴을 섞어 만드는데 가볍고 부드러우면서도 쫀쫀한 텍스처를 띤다. 슈 안에 시부스트 크림을 채우고 샹티이 크림을 장식하는 것이 고전적인 생토노레의 형태지만 최근에는 젤라틴을 섞어 부드럽게 만든 파티시에 크림을 슈에 채우고, 가나슈 몽테 등 맛이 풍부하고 보형성이 좋은 크림으로 장식하는 등 다양한 방식으로 만들어진 생토노레를 만나볼 수 있다.

CHOUX

SAINT-HONORÉ CLASSIQUE

클래식 생토노레

정통 생토노레에 사용되는 시부스트 크림 대신 파티시에 크림을 슈 안에 채워 부드러움은 유지하되 농후한 맛을 배가시켰다. 더불어 샹티이 크림 대신 쫀득한 식감의 가나슈 몽테로 장식해 식감을 살리고 바닐라 특유의 진한 풍미를 고조시켰다.

지름 15㎝ 크기의 원형 생토노레 2개

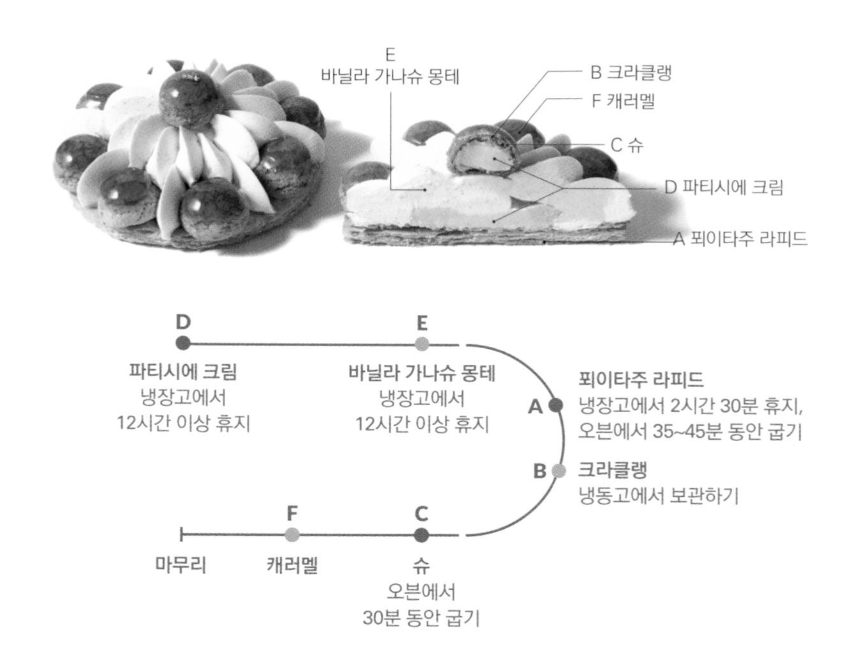

푀이타주 라피드 Ⓐ FEUILLETAGE RAPIDE

강력분 250g
박력분 250g
버터 420g
소금 12g
물 250g
슈거파우더 적당량

1 믹서볼에 함께 체 친 강력분과 박력분, 버터를 넣고 비터로 버터 겉면에 밀가루가 묻을 정도로만 가볍게 믹싱한다.
2 소금을 녹인 차가운 물을 넣고 가볍게 믹싱한다.
3 반죽을 꺼내 손으로 뭉쳐 한 덩어리로 만든 다음 랩으로 감싸 냉장고에서 1시간 동안 휴지시킨다.
4 3절 접기를 3회 하고 2등분한 뒤 0.3㎝ 두께로 밀어 펴 피케하고 냉동고에서 30분 동안 휴지시킨다.
tip 밀고 접는 작업은 3절 접기 2회 → 3절 접기 1회로 나눠 진행하며 3절 접기 2회 후 냉장고에서 1시간 동안 휴지시킨다.
5 반죽을 철팬에 올려 180℃ 오븐에서 10분 동안 구운 다음 윗면에 철팬을 겹쳐 올려 20~30분 더 굽는다.
tip 남은 반죽은 냉동 보관해 사용한다.
6 겹쳐 올린 철팬을 빼고, 지름 15㎝ 크기의 원형 커터로 찍어 자른다.
7 윗면에 슈거파우더를 뿌려 220℃ 오븐에서 2~3분 동안 캐러멜화한 뒤 식힌다.

크라클랭 Ⓑ CRAQUELIN

버터 50g
설탕 62g
박력분 40g
아몬드파우더 22g

1 믹서볼에 버터, 설탕을 넣고 비터로 믹싱한다.
2 함께 체 친 박력분, 아몬드파우더를 넣고 한 덩어리가 될 때까지 믹싱한다.
3 0.2㎝ 두께로 밀어 편 다음 지름 3㎝ 크기의 원형 커터로 찍어 자르고 냉동고에서 보관한다.

슈 Ⓒ CHOUX

물 50g
우유 50g
버터 44g
소금 2g
설탕 2g
중력분 55g
달걀 93g

1 냄비에 물, 우유, 버터, 소금, 설탕을 넣고 중불에서 버터가 녹을 때까지 끓인다.
2 불에서 내려 체 친 중력분을 넣고 섞는다.
3 다시 불에 올려 약불에서 빠르게 섞어 가며 호화시킨다.
4 불에서 내려 믹서볼에 옮긴 다음 비터로 60℃가 될 때까지 믹싱한다.
5 푼 달걀을 조금씩 나누어 넣으며 믹싱한다.
6 지름 1㎝ 크기의 원형 깍지를 낀 짤주머니에 반죽을 넣고 철팬에 지름 2㎝ 크기의 원형으로 짠다.
7 윗면에 B(크라클랭)를 올리고 170℃ 오븐에서 30분 동안 굽는다.

파티시에 크림 D CRÈME PÂTISSIÈRE

우유 480g
설탕A 50g
바닐라 빈 1개
노른자 60g
설탕B 50g
옥수수 전분 24g
젤라틴 매스 28g
버터 160g

1 냄비에 우유, 설탕A, 바닐라 빈의 씨와 깍지를 넣고 끓기 직전까지 가열한다.
2 볼에 노른자, 설탕B, 옥수수 전분을 넣고 섞은 다음 ①을 조금씩 나누어 넣고 섞는다.
3 체에 걸러 다시 냄비에 옮긴 뒤 중불에서 거품기로 섞어 가며 호화시킨다.
4 불에서 내려 젤라틴 매스를 넣고 녹인다.
5 볼에 옮겨 45℃까지 식힌 후 부드러운 상태의 버터를 넣고 핸드블렌더로 믹싱한다.
6 표면에 랩을 밀착시키고 감싸 냉장고에서 12시간 이상 휴지시킨다.

바닐라 가나슈 몽테 E GANACHE MONTÉE VANILLE

생크림 250g
바닐라 빈 2g
젤라틴 매스 7g
화이트초콜릿 100g
발로나 이보아르 35%

1 냄비에 생크림, 바닐라 빈의 씨를 넣고 80℃까지 가열한다.
2 젤라틴 매스를 넣고 녹인 다음 화이트초콜릿에 붓고 고루 섞는다.
3 핸드블렌더로 믹싱해 유화시킨 뒤 얼음물을 받쳐 40℃까지 식힌다.
4 표면에 랩을 밀착시키고 감싸 냉장고에서 12시간 이상 휴지시킨다.

캐러멜 F CARAMEL

물 80g
물엿 50g
설탕 250g

1 냄비에 물, 물엿, 설탕을 넣고 180℃까지 끓인다.
tip 갈색을 띨 때까지 끓인다.
2 냄비를 찬물에 3초 동안 담가 식힌다.

마무리 MONTAGE

식용 금박 적당량

1 짤주머니에 부드럽게 푼 D(파티시에 크림)를 넣고 아랫면에 구멍을 낸 C(슈) 안에 짜 넣는다.
2 윗면에 F(캐러멜)를 입힌 다음 지름 4㎝ 크기의 반구 모양 실리콘 몰드에 캐러멜 부분이 바닥에 닿도록 뒤집어 넣는다.
tip 실리콘 몰드를 사용하면 윗면의 모양을 균일하고 매끈하게 낼 수 있다.
3 ②의 캐러멜이 완전히 굳으면 몰드에서 빼 A(퓌이타주 라피드) 가장자리에 남은 F(캐러멜)를 사용해 붙인다.
tip 붙이는 용도의 캐러멜이 굳어 작업하기 어려우면 약불에서 재가열해 쓴다.
4 지름 1㎝ 크기의 원형 깍지를 낀 다른 짤주머니에 남은 D(파티시에 크림)를 넣고 퓌이타주 가운데 부분에 꽃 모양으로 짠다.
5 생토노레 모양깍지를 낀 또 다른 짤주머니에 휘핑한 E(바닐라 가나슈 몽테)를 넣고 슈 사이사이와 파티시에 크림 윗면에 짠다.
6 남은 슈를 정가운데에 올리고 식용 금박으로 장식한다.

CHOUX

SAINT-HONORÉ ISPAHAN

이스파한 생토노레

여성스러운 비주얼로 시선을 사로잡는 이스파한 생토노레. 장미, 리치, 산딸기가 모여 빚어내는 산뜻하고 기분 좋은 향기가 오감을 만족시킨다. 셸 안을 채운 아몬드 크림에는 장미 리큐르를 넣어 자칫 도드라질 수 있는 아몬드 향을 중화시키고 다른 구성물들과 조화롭게 어우러지도록 했다.

지름 9㎝ 크기의 원형 생토노레 4개

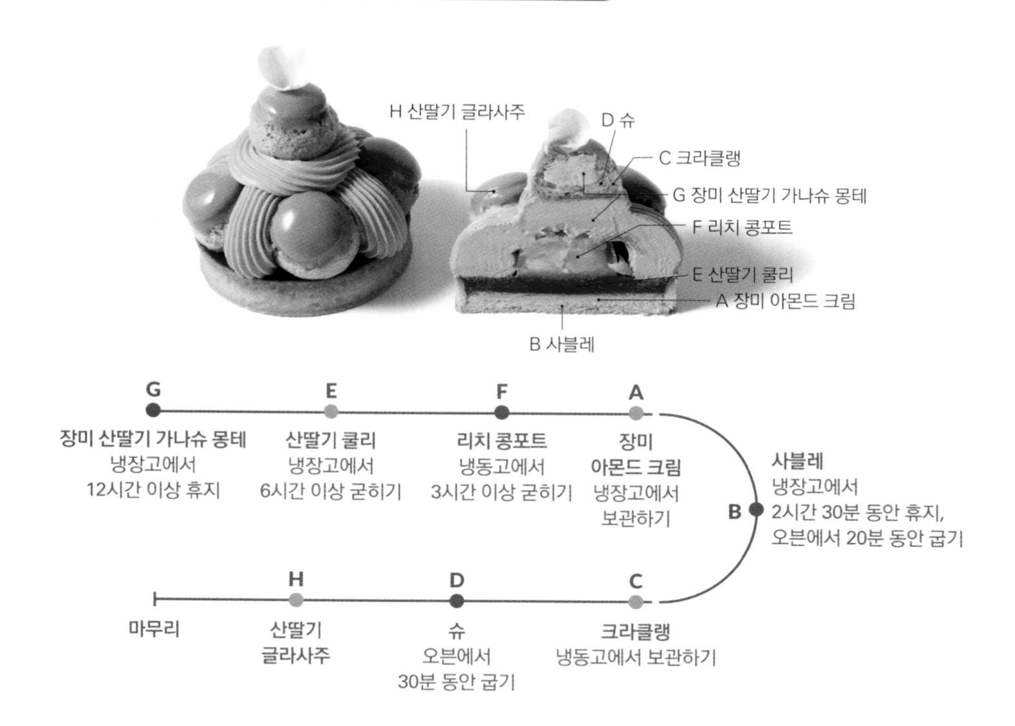

장미 아몬드 크림 Ⓐ CRÈME D'AMANDE ROSE

버터 75g
아몬드 T.P.T 150g
옥수수 전분 3g
달걀 65g
소금 1g
장미 리큐르 15g
디종 로즈

1 믹서볼에 부드러운 상태의 버터를 넣고 비터로 가볍게 푼다.
2 함께 체 친 아몬드 T.P.T, 옥수수 전분을 넣고 믹싱한다.
tip 아몬드 T.P.T는 아몬드파우더와 분당을 1:1의 비율로 섞은 것을 의미한다.
3 달걀에 소금을 넣어 녹인 다음 ②에 조금씩 나누어 넣으며 믹싱한다.
tip 충분히 믹싱해 유화시킨다.
4 장미 리큐르를 넣고 가볍게 믹싱한다.
5 표면에 랩을 밀착시키고 감싸 냉장고에서 보관한다.

사블레 Ⓑ SABLÉE

버터 84g
슈거파우더 45g
박력분 140g
아몬드파우더 17g
소금 2g
달걀 28g

1 믹서볼에 버터, 슈거파우더를 넣고 비터로 믹싱한다.
2 함께 체 친 박력분, 아몬드파우더, 소금을 넣고 믹싱한다.
3 달걀을 넣고 한 덩어리가 될 때까지 믹싱한다.
4 납작하게 눌러 랩으로 감싸고 냉장고에서 1시간 동안 휴지시킨다.
5 0.2㎝ 두께로 밀어 편 다음 지름 13㎝ 크기의 원형 커터로 찍어 자르고 다시 냉장고에서 1시간 동안 휴지시킨다.
6 지름 9㎝ 크기의 세르클에 퐁사주한다.
7 타공 매트를 깐 철팬에 일정한 간격으로 올린 뒤 냉장고에서 30분 이상 휴지시킨다.
8 170℃ 오븐에서 10분 동안 굽는다.
9 짤주머니에 부드럽게 푼 A(장미 아몬드 크림)를 넣고 셸 안에 1/3 높이까지 짜 넣은 후 165℃ 오븐에서 10분 동안 다시 굽는다.

크라클랭 Ⓒ CRAQUELIN

버터 50g
설탕 62g
박력분 40g
아몬드파우더 22g

1 믹서볼에 버터, 설탕을 넣고 비터로 믹싱한다.
2 함께 체 친 박력분, 아몬드파우더를 넣고 한 덩어리가 될 때까지 믹싱한다.
3 0.2㎝ 두께로 밀어 편 다음 지름 3㎝ 크기의 원형 커터로 찍어 자르고 냉동고에서 보관한다.

슈 Ⓓ CHOUX

물 50g
우유 50g
버터 44g
소금 2g
설탕 2g
중력분 55g
달걀 93g

1 냄비에 물, 우유, 버터, 소금, 설탕을 넣고 중불에서 버터가 녹을 때까지 끓인다.
2 불에서 내려 체 친 중력분을 넣고 섞는다.
3 다시 불에 올려 약불에서 빠르게 섞어 가며 호화시킨다.
4 믹서볼에 옮긴 다음 비터로 60℃가 될 때까지 믹싱한다.
5 푼 달걀을 조금씩 나누어 넣으며 믹싱한다.
6 지름 1㎝ 크기의 원형 깍지를 낀 짤주머니에 반죽을 넣고 철팬에 지름 2㎝ 크기의 원형으로 짠다.
7 윗면에 C(크라클랭)를 올리고 170℃ 오븐에서 30분 동안 굽는다.

산딸기 쿨리 Ⓔ COULIS DE FRAMBOISES

산딸기 퓌레 200g
11°±2Brix
설탕 20g
젤라틴 매스 28g

1 냄비에 산딸기 퓌레, 설탕을 넣고 끓인다.
2 젤라틴 매스를 넣고 녹인 다음 트레이에 부어 표면에 랩을 밀착시키고 감싸 냉장고에서 6시간 이상 굳힌다.

리치 콩포트 (F) COMPOTE DE LITCHI

- 리치 과육 100g
- 리치 퓌레 100g
  20°±1Brix
- 설탕 25g
- 젤라틴 매스 14g
- 리치 리큐르 15g
  디종 리치

1 냄비에 리치 과육, 리치 퓌레, 설탕을 넣고 끓인다.
tip 리치 과육은 2㎝ 크기의 큐브 모양으로 잘라 준비한다.
2 젤라틴 매스를 넣고 녹인 다음 리치 리큐르를 넣고 섞는다.
3 지름 4㎝ 크기의 반구 모양 실리콘 몰드에 채워 냉동고에서 3시간 이상 굳힌다.

장미 산딸기 가나슈 몽테  GANACHE MONTÉE À LA ROSE ET FRAMBOISE

- 생크림 250g
- 젤라틴 매스 7g
- 산딸기초콜릿 100g
  발로나 인스피레이션 라즈베리
- 장미 리큐르 7g
  디종 로즈

1 냄비에 생크림을 넣고 80℃까지 가열한다.
2 젤라틴 매스를 넣고 녹인 다음 산딸기초콜릿에 붓고 고루 섞는다.
3 장미 리큐르를 넣고 핸드블렌더로 믹싱해 유화시킨 뒤 얼음물을 받쳐 40℃까지 식힌다.
4 표면에 랩을 밀착시키고 감싸 냉장고에서 12시간 이상 휴지시킨다.

산딸기 글라사주  GLAÇAGE À LA FRAMBOISE

- 생크림 125g
- 물엿 50g
- 젤라틴 매스 35g
- 산딸기초콜릿 160g
  발로나 인스피레이션 라즈베리
- 화이트코팅초콜릿 150g
  카카오바리 파타글라세 아이보리
- 이산화 타이타늄 1g

1 냄비에 생크림, 물엿을 넣고 끓기 직전까지 가열한다.
2 젤라틴 매스를 넣고 녹인다.
3 비커에 산딸기초콜릿과 화이트코팅초콜릿을 함께 넣고 ②를 부어 섞는다.
4 이산화 타이타늄을 넣고 핸드블렌더로 믹싱한다.
tip 온도 28~30℃에서 사용하며 사용 전 다시 핸드블렌더로 믹싱한다.

마무리 MONTAGE

- 장미 꽃잎 적당량

1 짤주머니에 부드럽게 푼 E(산딸기 쿨리)를 넣고 B(사블레) 안에 짜 넣은 다음 윗면을 평평하게 정리한다.
2 짤주머니에 휘핑한 G(장미 산딸기 가나슈 몽테)를 넣고 아랫면에 구멍을 낸 D(슈)에 90%까지 짜 넣는다.
3 다른 짤주머니에 남은 E(산딸기 쿨리)를 넣고 ② 안에 가득 짜 넣는다.
4 몰드에서 뺀 F(리치 콩포트)를 ①의 가운데에 올린다.
5 ③의 윗면에 H(산딸기 글라사주)를 입혀 ④에 4개씩 올린다.
6 에클레르 모양깍지(MatferPF16)를 낀 또 다른 짤주머니에 남은 G(장미 산딸기 가나슈 몽테)를 넣고 ⑤의 슈 사이사이와 콩포트 윗면에 짠다.
7 남은 슈를 가운데 올리고 장미 꽃잎으로 장식한다.

CHOUX

SAINT-HONORÉ VANILLE POIRE GINGEMBRE

바닐라 배 생강 생토노레

은은하게 알싸한 생강의 향과 시원한 배 맛, 부드럽고 달콤한 바닐라의 아로마가 만나 아름다운 하모니를 만든다. 사용하는 배는 과육이 단단하고 수분이 많은 것을 고르고, 생강은 매운맛이 두드러지지 않도록 생강 자체를 먼저 맛본 뒤 그 양을 조절한다.

20×8㎝ 크기의 직사각형 생토노레 2개

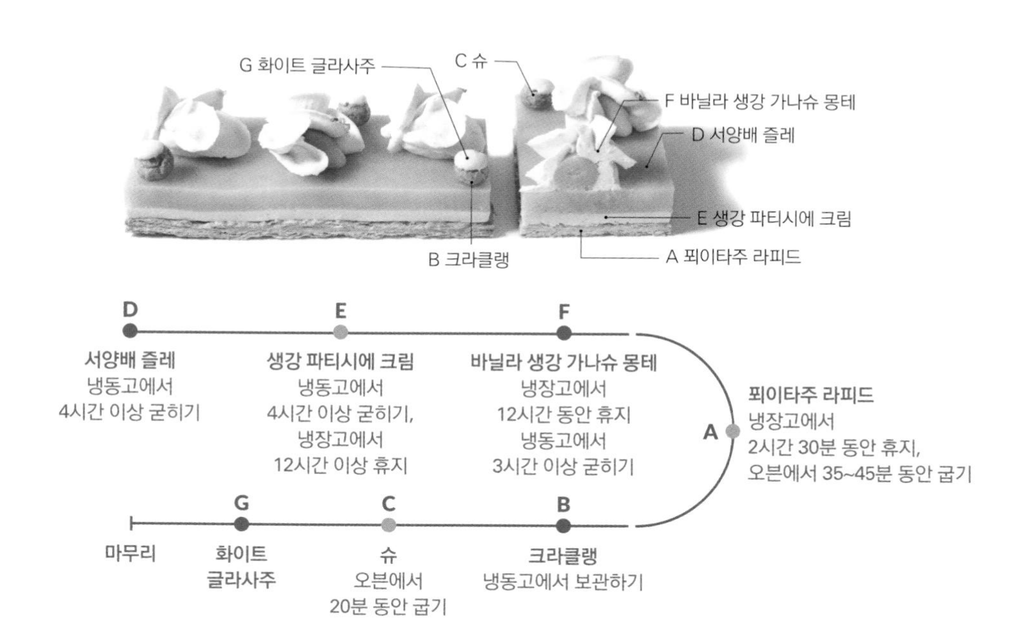

퓌이타주 라피드 (A) FEUILLETAGE RAPIDE

강력분 250g
박력분 250g
버터 420g
소금 12g
물 250g
슈거파우더 적당량

1 믹서볼에 함께 체 친 강력분과 박력분, 버터를 넣고 비터로 버터 겉면에 밀가루가 묻을 정도로만 가볍게 믹싱한다.
2 소금을 녹인 차가운 물을 넣고 가볍게 믹싱한다.
3 반죽을 꺼내 손으로 뭉쳐 한 덩어리로 만든 다음 랩으로 감싸 냉장고에서 1시간 동안 휴지시킨다.
4 3절 접기를 3회 하고 2등분한 뒤 0.3㎝ 두께로 밀어 펴 피케하고 냉동고에서 30분 동안 휴지시킨다.
tip 밀고 접는 작업은 3절 접기 2회 → 3절 접기 1회로 나눠 진행하며 3절 접기 2회 후 냉장고에서 1시간 동안 휴지시킨다.
5 반죽을 철팬에 올려 180℃ 오븐에서 10분 동안 구운 뒤 윗면에 철팬을 겹쳐 올려 20~30분 동안 더 굽는다.
tip 남은 반죽은 냉동 보관해 사용한다.
6 겹쳐 올린 철팬을 빼고 20×8㎝ 크기의 직사각형으로 자른다.
7 윗면에 슈거파우더를 뿌리고 220℃ 오븐에서 2~3분 동안 캐러멜화한 후 식힌다.

크라클랭  CRAQUELIN

버터 50g
설탕 62g
박력분 40g
아몬드파우더 22g

1 믹서볼에 버터, 설탕을 넣고 비터로 믹싱한다.
2 함께 체 친 박력분, 아몬드파우더를 넣고 한 덩어리가 될 때까지 믹싱한다.
3 0.2㎝ 두께로 밀어 편 다음 지름 1.5㎝ 크기의 원형 커터로 찍어 자르고 냉동고에서 보관한다.

슈 (C) CHOUX

물 50g
우유 50g
버터 44g
소금 2g
설탕 2g
중력분 55g
달걀 93g

1 냄비에 물, 우유, 버터, 소금, 설탕을 넣고 중불에서 버터가 녹을 때까지 끓인다.
2 불에서 내려 체 친 중력분을 넣고 섞는다.
3 다시 불에 올려 약불에서 빠르게 섞어 가며 호화시킨다.
4 불에서 내려 믹서볼에 옮긴 다음 비터로 60℃가 될 때까지 믹싱한다.
5 푼 달걀을 조금씩 나누어 넣으며 믹싱한다.
6 지름 1㎝ 크기의 원형 깍지를 낀 짤주머니에 반죽을 넣고 철팬에 지름 1㎝ 크기의 원형으로 짠다.
7 윗면에 B(크라클랭)를 올리고 170℃ 오븐에서 20분 동안 굽는다.

서양배 즐레 (D) GELÉE DE POIRE

배 150g
설탕 10g
바닐라 빈 1개
서양배 퓌레 200g
15°±2Brix
젤라틴 매스 35g
서양배 리큐르 14g
디종 서양배

1 냄비에 배, 설탕, 바닐라 빈의 씨를 넣고 수분을 날리면서 볶는다.
tip 배는 껍질을 제거하고 1㎝ 크기의 큐브 모양으로 잘라 사용한다.
tip 배의 아삭함을 살리기 위해 처음에는 중불에서 볶다가 수분이 나오기 시작하면 강불에서 빠르게 수분을 날린다.
2 서양배 퓌레를 넣고 다시 끓인 다음 젤라틴 매스를 넣고 녹인다.
3 서양배 리큐르를 넣고 고루 섞는다.
4 20×8㎝ 크기의 직사각형 무스케이크 틀에 1㎝ 높이로 붓고 냉동고에서 4시간 이상 굳힌다.
5 남은 즐레는 4.4×2.1㎝ 크기의 커넬 모양 실리콘 몰드(Silikomart QUENELLE 10)에 채워 냉동고에서 4시간 이상 굳힌다.

생강 파티시에 크림 (E) CRÈME PÂTISSIÈRE AU GINGEMBRE

우유 190g
생강 퓌레 50g
14°±2Brix
설탕A 25g
바닐라 빈 1/2개
노른자 30g
설탕B 25g
옥수수 전분 12g
젤라틴 매스 14g
버터 80g

1 냄비에 우유, 생강 퓌레, 설탕A, 바닐라 빈의 씨와 깍지를 넣고 끓기 직전까지 가열한다.
2 볼에 노른자, 설탕B, 옥수수 전분을 넣고 섞은 다음 ①을 조금씩 나누어 넣고 섞는다.
3 체에 걸러 다시 냄비에 옮긴 뒤 중불에서 거품기로 섞어 가며 호화시킨다.
4 불에서 내려 젤라틴 매스를 넣고 녹인다.
5 볼에 옮겨 45℃까지 식힌 후 부드러운 상태의 버터를 넣고 핸드블렌더로 믹싱한다.
6 직사각형으로 굳힌 D(서양배 즐레)에 1㎝ 높이로 붓고 냉동고에서 4시간 이상 굳힌다.
7 남은 크림은 표면에 랩을 밀착시키고 감싸 냉장고에서 12시간 이상 휴지시킨다.

바닐라 생강 가나슈 몽테 (F) GANACHE MONTÉE VANILLE ET GINGEMBRE

생크림 250g
바닐라 빈 2g
젤라틴 매스 7g
화이트초콜릿 100g
발로나 이보아르 35%
생강가루 1.5g

1 냄비에 생크림과 바닐라 빈의 씨를 넣고 80℃까지 가열한다.
2 젤라틴 매스를 넣고 녹인 다음 화이트초콜릿에 붓고 고루 섞는다.
3 생강가루를 넣고 핸드블렌더로 믹싱해 유화시킨 뒤 얼음물을 받쳐 40℃까지 식힌다.
4 표면에 랩을 밀착시키고 감싸 냉장고에서 12시간 이상 휴지시킨다.
5 부드럽게 휘핑해 물결 모양깍지를 낀 짤주머니에 넣은 후 몰드에서 뺀 커넬 모양 D(서양배 즐레)의 겉면에 꽃잎 모양으로 짜고 냉동고에서 3시간 이상 굳힌다.

화이트 글라사주 Ⓖ GLAÇAGE BLANC

생크림 125g
물엿 50g
젤라틴 매스 35g
화이트초콜릿 160g
칼리바우트 W2 28%
화이트코팅초콜릿 150g
카카오바리 파타글라세 아이보리
이산화 타이타늄 1g

1. 냄비에 생크림, 물엿을 넣고 끓기 직전까지 가열한다.
2. 젤라틴 매스를 넣고 녹인다.
3. 비커에 화이트초콜릿, 화이트코팅초콜릿을 넣고 ②를 부어 섞는다.
4. 이산화 타이타늄을 넣고 핸드블렌더로 믹싱한다.
   tip 이산화 타이타늄은 재료의 색을 하얗게 만드는 역할을 한다.
   tip 온도 28~30℃에서 사용하며 사용 전 다시 핸드블렌더로 믹싱한다.

마무리 MONTAGE

식용 금박 적당량

1. 짤주머니에 부드럽게 푼 E(생강 파티시에 크림)를 넣고 아랫면에 구멍을 낸 C(슈)에 짜 넣은 다음 윗면에 G(화이트 글라사주)를 입힌다.
2. A(퓌이타주 라피드) 가운데에 틀에서 뺀 E(생강 파티시에 크림)를 크림이 아래를 향하도록 하여 올린다.
3. 윗면에 ①과 F(바닐라 생강 가나슈 몽테)를 올린다.
4. 식용 금박으로 장식한다.

CHOUX

SAINT-HONORÉ CITRON VERT ET MENTHE

라임 민트 생토노레

상큼한 라임과 시원한 민트가 '모히토'를 연상시키는 생토노레. 주재료인 라임은 색이 진하고 껍질이 단단한 것을 고르는 것이 좋으며, 민트는 사과와 박하 향이 은은하게 나는 애플 민트를 사용한다.

8㎝ 크기의 정사각형 생토노레 6개

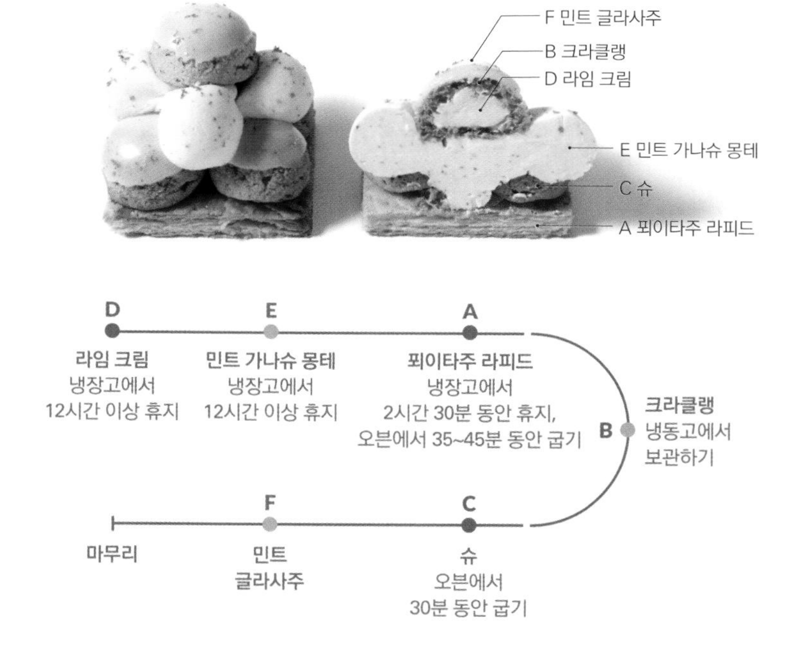

퓌이타주 라피드 Ⓐ FEUILLETAGE RAPIDE

강력분 250g
박력분 250g
버터 420g
소금 12g
물 250g
슈거파우더 적당량

1 믹서볼에 함께 체 친 강력분과 박력분, 버터를 넣고 비터로 버터 겉면에 밀가루가 묻을 정도로만 가볍게 믹싱한다.
2 소금을 녹인 차가운 물을 넣고 가볍게 믹싱한다.
3 반죽을 꺼내 손으로 뭉쳐 한 덩어리로 만든 다음 랩으로 감싸 냉장고에서 1시간 동안 휴지시킨다.
4 3절 접기를 3회 하고 4등분한 뒤 0.3㎝ 두께로 밀어 펴 피케하고 냉동고에서 30분 동안 휴지시킨다.
   tip 밀고 접는 작업은 3절 접기 2회→ 3절 접기 1회로 나눠 진행하며 3절 접기 2회 후 냉장고에서 1시간 동안 휴지시킨다.
5 반죽을 철팬에 올려 180℃ 오븐에서 10분 동안 구운 다음 윗면에 철팬을 겹쳐 올려 20~30분 더 굽는다.
   tip 남은 반죽은 냉동 보관해 사용한다.
6 겹쳐 올린 철팬을 빼고 8㎝ 크기의 정사각형으로 자른다.
7 윗면에 슈거파우더를 뿌려 220℃ 오븐에서 2~3분 동안 캐러멜화한 뒤 식힌다.

크라클랭 Ⓑ CRAQUELIN

버터 50g
설탕 62g
박력분 40g
아몬드파우더 22g

1 믹서볼에 버터, 설탕을 넣고 비터로 믹싱한다.
2 함께 체 친 박력분, 아몬드파우더를 넣고 한 덩어리가 될 때까지 믹싱한다.
3 0.2㎝ 두께로 밀어 편 다음 지름 3㎝ 크기의 원형 커터로 찍어 자르고 냉동고에서 보관한다.

슈 Ⓒ CHOUX

물 50g
우유 50g
버터 44g
소금 2g
설탕 2g
중력분 55g
달걀 93g

1 냄비에 물, 우유, 버터, 소금, 설탕을 넣고 중불에서 버터가 녹을 때까지 끓인다.
2 불에서 내려 체 친 중력분을 넣고 섞는다.
3 다시 불에 올려 약불에서 빠르게 섞어 가며 호화시킨다.
4 불에서 내려 믹서볼에 옮긴 다음 비터로 60℃가 될 때까지 믹싱한다.
5 푼 달걀을 조금씩 나누어 넣으며 믹싱한다.
6 지름 1㎝ 크기의 원형 깍지를 낀 짤주머니에 반죽을 넣고 철팬에 지름 2㎝ 크기의 원형으로 짠다.
7 윗면에 B(크라클랭)를 올리고 170℃ 오븐에서 30분 동안 굽는다.

라임 크림 Ⓓ CRÈME AU CITRON VERT

라임 퓌레 80g
9°±2Brix
설탕A 45g
달걀 105g
설탕B 45g
젤라틴 매스 28g
버터 160g

1 냄비에 라임 퓌레, 설탕A를 넣고 끓인다.
2 볼에 달걀, 설탕B를 넣고 거품기로 섞은 다음 ①을 조금씩 나누어 넣고 섞는다.
3 체에 걸러 냄비에 옮긴 뒤 중불에서 실리콘 주걱으로 저어 가며 68~70℃까지 가열한다.
4 젤라틴 매스를 넣고 녹인 후 볼에 옮겨 45℃까지 식힌다.
5 부드러운 상태의 버터를 넣고 핸드블렌더로 믹싱한다.
6 표면에 랩을 밀착시키고 감싸 냉장고에서 12시간 이상 휴지시킨다.

민트 가나슈 몽테 Ⓔ GANACHE MONTÉE MENTHE

생크림 250g
젤라틴 매스 7g
화이트초콜릿 100g
발로나 오팔리스 33%
애플 민트 0.5g

1 냄비에 생크림을 넣고 80℃까지 가열한다.
2 젤라틴 매스를 넣고 녹인 다음 화이트초콜릿에 붓고 유화시킨다.
3 애플 민트를 넣고 핸드블렌더로 믹싱한 뒤 얼음물을 받쳐 40℃까지 식힌다.
4 표면에 랩을 밀착시키고 감싸 냉장고에서 12시간 이상 휴지시킨다.

민트 글라사주 Ⓕ GLAÇAGE À LA MENTHE

생크림 125g
물엿 50g
젤라틴 매스 35g
화이트초콜릿 160g
칼리바우트 W2 28%
화이트코팅초콜릿 150g
카카오바리 아이보리
애플 민트 1g

1 냄비에 생크림, 물엿을 넣고 끓기 직전까지 가열한다.
2 젤라틴 매스를 넣고 녹인다.
3 비커에 화이트초콜릿, 화이트코팅초콜릿을 함께 넣고 ②를 부어 섞는다.
4 애플 민트를 넣고 핸드블렌더로 믹싱한다.

tip 온도 28~30℃에서 사용하며 사용 전 다시 핸드블렌더로 믹싱한다.

마무리 MONTAGE

라임 제스트 적당량

1 짤주머니에 부드럽게 푼 D(라임 크림)를 넣고 아랫면에 구멍을 낸 C(슈)에 가득 짜 넣는다.
2 윗면에 F(민트 글라사주)를 입히고 A(퓌이타주 라피드)에 4개 올린다.
3 지름 2㎝ 크기의 원형 깍지를 낀 다른 짤주머니에 휘핑한 E(민트 가나슈 몽테)를 넣고 윗면에 꽃잎 모양 4개를 짠 다음 가운데에 남은 슈를 올린다.
4 라임 제스트로 장식한다.

CHOUX

SAINT-HONORÉ FORÊT NOIRE

포레누아르 생토노레

프랑스 클래식 가토 포레누아르를 생토노레로 재탄생시켰다. 다크초콜릿의 중후한 맛을 체리의 상큼함이 감싸 균형미를 느낄 수 있다. 체리 리큐르를 더하면 체리의 맛과 향을 더 풍부하게 연출할 수 있다.

지름 9㎝ 크기의 반구 모양 생토노레 4개

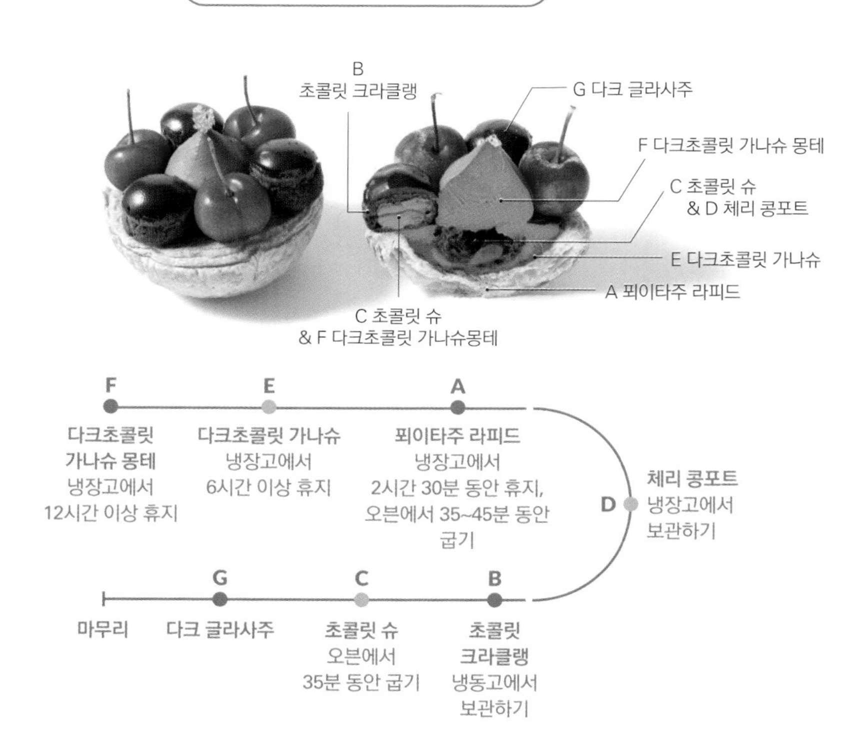

피이타주 라피드 Ⓐ FEUILLETAGE RAPID

강력분 250g
박력분 250g
버터 420g
소금 12g
물 250g
슈거파우더 적당량

1 믹서볼에 함께 체 친 강력분과 박력분, 버터를 넣고 비터로 버터 겉면에 밀가루가 묻을 정도로만 가볍게 믹싱한다.
2 소금을 녹인 차가운 물을 넣고 가볍게 믹싱한다.
3 반죽을 꺼내 손으로 뭉쳐 한 덩어리로 만든 다음 랩으로 감싸 냉장고에서 1시간 동안 휴지시킨다.
4 3절 접기를 3회 하고 4등분한 뒤 0.3㎝ 두께로 밀어 펴 피케한다.
tip 밀고 접는 작업은 3절 접기 2회→ 3절 접기 1회로 나눠 진행하며 3절 접기 2회 한 후 냉장고에서 1시간 동안 휴지시킨다.
5 지름 13㎝ 크기의 원형 커터로 찍어 잘라 지름 9㎝ 크기의 반구 모양 팬에 넣고 냉동고에서 30분 동안 휴지시킨다.
6 윗면에 지름 6㎝ 크기의 반구 모양 실리콘 몰드와 철팬을 차례대로 겹쳐 올린다.
7 180℃ 오븐에서 30~40분 굽는다.
8 겹쳐 올린 몰드와 철팬을 빼고 윗면에 슈거파우더를 뿌린 다음 220℃ 오븐에서 2~3분 캐러멜화하고 식힌다.

초콜릿 크라클랭 Ⓑ CRAQUELIN AU CHOCOLAT

버터 50g
설탕 62g
박력분 55g
코코아파우더 8g

1 믹서볼에 버터, 설탕을 넣고 비터로 믹싱한다.
2 함께 체 친 박력분, 코코아파우더를 넣고 한 덩어리가 될 때까지 믹싱한다.
3 0.2㎝ 두께로 밀어 편 다음 지름 2㎝, 4㎝ 크기의 원형 커터로 각각 찍어 잘라 냉동고에서 보관한다.

초콜릿 슈 Ⓒ CHOUX AU CHOCOLAT

물 50g
우유 50g
버터 44g
소금 2g
설탕 2g
중력분 50g
코코아파우더 10g
달걀 95g

1 냄비에 물, 우유, 버터, 소금, 설탕을 넣고 중불에서 버터가 녹을 때까지 끓인다.
2 불에서 내려 함께 체 친 중력분, 코코아파우더를 넣고 섞는다.
3 다시 불에 올려 약불에서 빠르게 섞어 가며 호화시킨다.
4 불에서 내려 믹서볼에 옮긴 다음 비터로 60℃가 될 때까지 믹싱한다.
5 푼 달걀을 조금씩 나누어 넣으며 믹싱한다.
6 지름 1㎝ 크기의 원형 깍지를 낀 짤주머니에 반죽을 넣고 철팬에 지름 1.5㎝, 3㎝ 크기의 원형으로 각각 짠다.
7 윗면에 크기에 맞는 B(초콜릿 크라클랭)를 올리고 170℃ 오븐에서 작은 슈는 25분, 큰 슈는 35분 동안 굽는다.

체리 콩포트 Ⓓ COMPOTE DE CERISES

다크 체리 200g
체리 퓌레 50g
19°±2Brix
설탕 30g
펙틴 NH 4g
체리 리큐르 7g
디종 키르슈

1 냄비에 다크 체리, 체리 퓌레를 넣고 가열한다.
tip 다크 체리는 씨를 빼고 4등분해 준비한다.
2 45℃가 되면 함께 섞은 설탕, 펙틴NH를 넣고 저어 가며 1분 동안 끓인다.
3 체리 리큐르를 넣고 섞은 다음 완전히 식혀 표면에 랩을 밀착시키고 감싸 냉장고에서 보관한다.

다크초콜릿 가나슈 (E) GANACHE AU CHOCOLAT NOIR

생크림 250g
다크초콜릿 200g
발로나 과나하 70%

1 냄비에 생크림을 넣고 80℃까지 가열한다.
2 다크초콜릿에 붓고 고루 섞는다.
3 핸드블렌더로 믹싱해 유화시킨 다음 표면에 랩을 밀착시키고 감싸 냉장고에서 6시간 이상 휴지시킨다.

다크초콜릿 가나슈 몽테 (F) GANACHE MONTÉE AU CHOCOLAT NOIR

생크림 250g
젤라틴 매스 7g
다크초콜릿) 100g
발로나 과나하 70%
체리 리큐르 10g
디종 키르슈

1 냄비에 생크림을 넣고 80℃까지 가열한다.
2 젤라틴 매스를 넣고 녹인 다음 다크초콜릿에 붓고 고루 섞는다.
3 체리 리큐르를 넣고 핸드블렌더로 믹싱해 유화시킨 뒤 얼음물을 받쳐 40℃까지 식힌다.
4 표면에 랩을 밀착시키고 감싸 냉장고에서 12시간 이상 휴지시킨다.

다크 글라사주 (G) GLAÇAGE NOIR

생크림 125g
물엿 50g
젤라틴 매스 35g
다크초콜릿 160g
깔리바우트 2815 57.9%
다크코팅초콜릿 150g
카카오바리 파타글라세 브라운

1 냄비에 생크림, 물엿을 넣고 끓기 직전까지 가열한다.
2 젤라틴 매스를 넣고 녹인다.
3 비커에 다크초콜릿, 다크코팅초콜릿을 함께 넣고 ②를 부어 핸드블렌더로 믹싱한다.
tip 온도 28~30℃에서 사용하며 사용 전 다시 핸드블렌더로 믹싱한다.

마무리 MONTAGE

체리 적당량
식용 금박 적당량

1 짤주머니에 부드럽게 푼 E(다크초콜릿 가나슈)를 넣고 A(퓌이타주 라피드) 안에 전체적으로 얇게 짜 넣는다.
2 아랫면에 구멍을 낸 3㎝ 크기의 C(슈)에 다른 짤주머니에 넣은 D(체리 콩포트)를 가득 짜 넣는다.
3 또 다른 짤주머니에 휘핑한 F(다크초콜릿 가나슈 몽테)를 넣고 ① 안에 1/3 높이까지 짜 넣는다.
4 ②를 ③의 가운데에 뒤집어 넣고 다시 F(다크초콜릿 가나슈 몽테)를 가득 짜 넣은 다음 윗면을 평평하게 정리한다.
5 1.5㎝ 크기의 C(슈) 안에 남은 F(다크초콜릿 가나슈 몽테)를 짜 넣고 윗면에 G(다크 글라사주)를 입힌다.
6 ④의 윗면 가장자리에 ⑤와 체리를 번갈아 올린다.
7 지름 2㎝ 크기의 원형 깍지를 낀 짤주머니에 남은 F(다크초콜릿 가나슈 몽테)를 넣고 ⑥의 가운데에 물방울 모양으로 짠다.
8 식용 금박으로 장식한다.

CHOUX

SAINT-HONORÉ AUX POMMES ET JASMIN

사과 재스민 생토노레

사과와 재스민을 주재료로 해 산뜻한 풍미를 가득 담은 생토노레를 완성했다. 다양한 제과 반죽과 크림, 콩포트 등을 균형 있게 배치해 다채로운 맛과 식감의 변주를 경험할 수 있다.

지름 9㎝ 크기의 원형 생토노레 4개

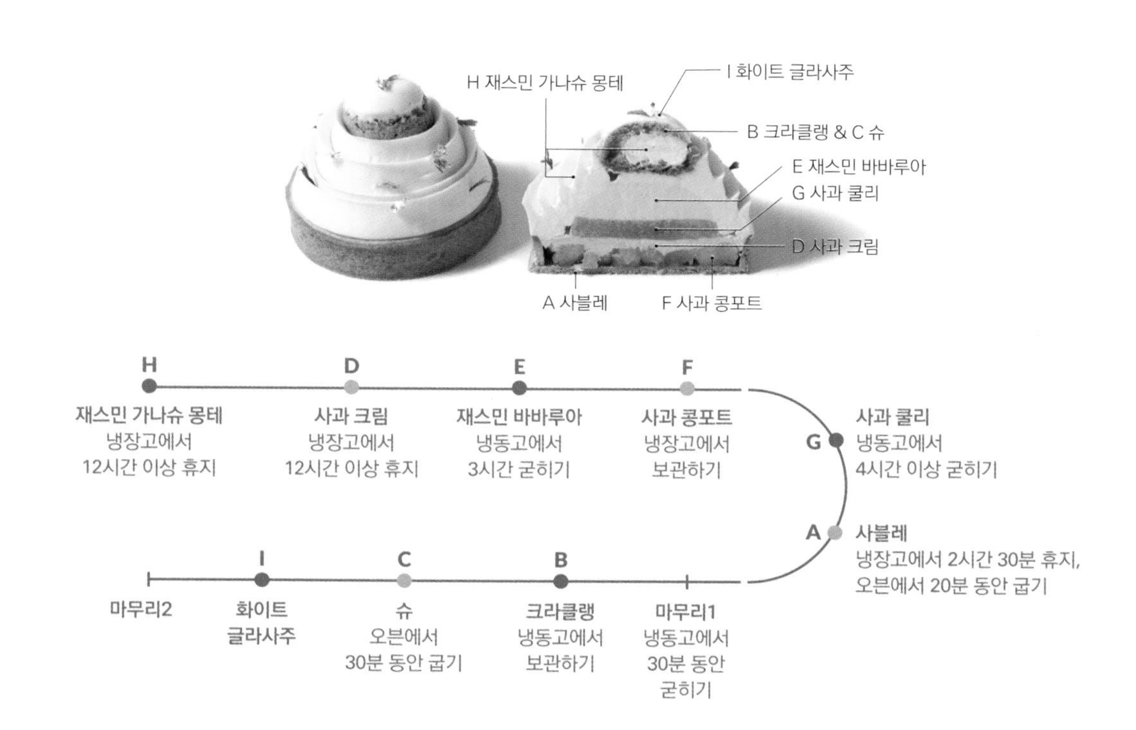

사블레 Ⓐ SABLÉE

버터 84g
슈거파우더 45g
박력분 140g
아몬드파우더 17g
소금 2g
달걀 28g

1 믹서볼에 버터, 슈거파우더를 넣고 비터로 믹싱한다.
2 함께 체 친 박력분, 아몬드파우더, 소금을 넣고 믹싱한다.
3 달걀을 넣고 한 덩어리가 될 때까지 믹싱한다.
4 납작하게 눌러 편 다음 랩으로 감싸 냉장고에서 1시간 동안 휴지시킨다.
5 0.2cm 두께로 밀어 편 뒤 지름 13cm 크기의 원형 커터로 찍어 자르고 다시 냉장고에서 1시간 동안 휴지시킨다.
6 지름 9cm 크기의 세르클에 퐁사주한다.
7 타공 매트를 깐 철팬에 일정한 간격으로 올린 후 냉장고에서 30분 이상 휴지시킨다.
8 165℃ 오븐에서 15분 동안 굽는다.
9 틀에서 빼 달걀물(분량 외)을 바른 다음 165℃ 오븐에서 5분 동안 다시 굽는다.
tip 달걀물은 달걀 50g, 노른자 25g을 섞은 다음 체에 걸러 사용한다.

크라클랭 Ⓑ CRAQUELIN

버터 50g
설탕 62g
박력분 40g
아몬드파우더 22g

1 믹서볼에 버터, 설탕을 넣고 비터로 믹싱한다.
2 함께 체 친 박력분, 아몬드파우더를 넣고 한 덩어리가 될 때까지 믹싱한다.
3 0.2cm 두께로 밀어 편 다음 지름 3cm 크기의 원형 커터로 찍어 자르고 냉동고에서 보관한다.

슈 Ⓒ CHOUX

물 50g
우유 50g
버터 44g
소금 2g
설탕 2g
중력분 55g
달걀 93g

1 냄비에 물, 우유, 버터, 소금, 설탕을 넣고 중불에서 버터가 녹을 때까지 끓인다.
2 불에서 내려 체 친 중력분을 넣고 섞는다.
3 다시 불에 올려 약불에서 빠르게 섞어 가며 호화시킨다.
4 불에서 내려 믹서볼에 옮긴 다음 비터로 60℃가 될 때까지 믹싱한다.
5 푼 달걀을 조금씩 나누어 넣으며 믹싱한다.
6 지름 1cm 크기의 원형 깍지를 낀 짤주머니에 반죽을 넣고 철팬에 지름 2cm 크기의 원형으로 짠다.
7 윗면에 B(크라클랭)를 올리고 170℃ 오븐에서 30분 동안 굽는다.

사과 크림 Ⓓ CRÈME AUX POMMES

청사과 퓌레 80g
12°±2Brix
설탕A 45g
달걀 105g
설탕B 45g
젤라틴 매스 28g
버터 160g

1 냄비에 청사과 퓌레, 설탕A를 넣고 끓인다.
2 볼에 달걀, 설탕B를 넣고 거품기로 섞은 다음 ①을 조금씩 나누어 넣고 섞는다.
3 체에 걸러 냄비에 옮긴 뒤 중불에서 실리콘 주걱으로 저어 가며 68~70℃까지 가열한다.
4 젤라틴 매스를 넣고 녹인 후 볼에 옮겨 45℃까지 식힌다.
5 부드러운 상태의 버터를 넣고 핸드블렌더로 믹싱한다.
6 표면에 랩을 밀착시키고 감싸 냉장고에서 12시간 이상 휴지시킨다.

재스민 바바루아 Ⓔ BAVAROIS AU JASMIN

우유 38g
생크림A 38g
설탕A 6g
재스민 찻잎 2g
노른자 25g
설탕B 6g
젤라틴 매스 14g
화이트초콜릿 35g
칼리바우트 W2 28%
생크림B 78g

1 냄비에 우유, 생크림A, 설탕A, 재스민 찻잎을 넣고 80℃까지 가열한다.
2 볼에 노른자, 설탕B를 넣고 거품기로 섞는다.
3 체에 거른 ①을 넣고 섞은 다음 다시 냄비에 옮겨 실리콘 주걱으로 저어 가며 80~83℃까지 가열한다.
4 젤라틴 매스를 넣고 녹인 후 체에 거른다.
5 다른 볼에 화이트초콜릿을 넣고 중탕으로 녹인 다음 ④를 넣고 섞는다.
6 35~40℃까지 식히고 60~70%까지 휘핑한 생크림B를 2~3회에 걸쳐 나누어 넣고 섞는다.
7 지름 6㎝ 크기의 반구 모양 실리콘 몰드에 80%까지 넣은 뒤 냉동고에서 3시간 이상 굳힌다.

사과 콩포트 Ⓕ COMPOTE DE POMMES

사과 1개(약 200g)
설탕 15g
사과 리큐르 15g
칼바도스

1 냄비에 사과, 설탕을 넣고 수분이 완전히 날아갈 때까지 저어 가며 볶는다.
tip 사과는 껍질을 벗기고 1㎝ 크기의 큐브 모양으로 잘라 준비한다.
tip 처음에는 중약불에서 볶다가 수분이 나오기 시작하면 강불에서 빠르게 수분을 날리면서 볶아야 사과의 아삭한 식감을 살릴 수 있다.
2 불에서 내려 잠시 식힌 다음 사과 리큐르를 넣고 섞는다.
3 밀페 용기에 넣고 냉장고에서 보관한다.

사과 쿨리 Ⓖ COULIS DE POMMES

청사과 퓌레 100g
12°±2Brix
설탕 19g
젤라틴 매스 18g

1 냄비에 청사과 퓌레, 설탕을 넣고 끓인 다음 젤라틴 매스를 넣고 녹인다.
2 E(재스민 바바루아)에 가득 채우고 윗면을 평평하게 정리해 냉동고에서 4시간 이상 굳힌다.

재스민 가나슈 몽테 Ⓗ GANACHE MONTÉE AU JASMIN

생크림 250g
재스민 찻잎 2g
젤라틴 매스 7g
화이트초콜릿 100g
발로나 이보아르 35%

1 냄비에 생크림, 재스민 찻잎을 넣고 80℃까지 가열한 다음 불에서 내려 10분 동안 향을 우린다.
2 젤라틴 매스를 넣고 녹인 뒤 체에 걸러 화이트초콜릿에 붓고 고루 섞는다.
3 핸드블렌더로 믹싱해 유화시킨 후 얼음물을 받쳐 40℃까지 식힌다.
4 표면에 랩을 밀착시키고 감싸 냉장고에서 12시간 이상 휴지시킨다.

화이트 글라사주 Ⓘ GLAÇAGE BLANC

생크림 125g
물엿 50g
젤라틴 매스 35g
화이트초콜릿 160g
칼리바우트 W2 28%
화이트코팅초콜릿 150g
카카오바리 파타글라세 아이보리
이산화 타이타늄 1g

1 냄비에 생크림, 물엿을 넣고 끓기 직전까지 가열한다.
2 젤라틴 매스를 넣고 녹인다.
3 비커에 화이트초콜릿, 화이트코팅초콜릿을 함께 넣고 ②를 부어 유화시킨다.
4 이산화 타이타늄을 넣고 핸드블렌더로 믹싱한다.
tip 이산화 타이타늄은 재료의 색을 하얗게 만드는 역할을 한다.
tip 온도 28~30℃에서 사용하며 사용 전 다시 핸드블렌더로 믹싱한다.

마무리 MONTAGE

수레 국화 적당량
식용 은박 적당량

1 A(사블레)에 F(사과 콩포트)를 1/2 높이까지 넣는다.
2 부드럽게 풀어 짤주머니에 넣은 D(사과 크림)를 콩포트 위에 가득 짜고 윗면을 평평하게 정리한다.
3 ①의 윗면 가운데에 몰드에서 뺀 G(사과 쿨리)를 쿨리가 아래를 향하도록 하여 올린다.
4 C(슈) 아랫부분에 구멍을 낸 뒤 부드럽게 휘핑해 다른 짤주머니에 넣은 H(재스민 가나슈 몽테)를 가득 짜 넣는다.
5 윗면에 I(화이트 글라사주)를 입히고 ③의 가운데에 올린다.
6 돌림판에 ⑤를 올리고 一자 모양깍지를 낀 또 다른 짤주머니에 남은 H(재스민 가나슈 몽테)를 넣은 다음 윗면에 돌려 가며 짠다.
7 수레 국화와 식용 은박으로 장식한다.

CHOUX

SAINT-HONORÉ TIRAMISU

티라미수 생토노레

대중적으로 널리 사랑받는 인기 디저트 티라미수를 생토노레 버전으로 만들었다. 커피 시럽을 적신 비스퀴 대신 커피 크림을 채운 슈를 올린 다음 부드러운 마스카르포네 크림으로 마무리해 기분 좋은 달콤함을 선사한다.

지름 8㎝ 크기의 원형 생토노레 6개

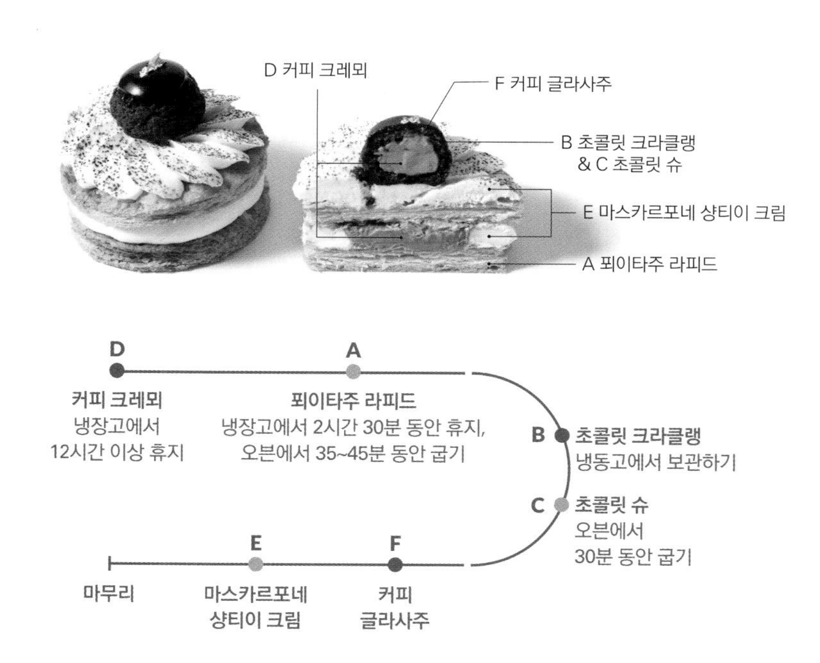

퓌이타주 라피드 Ⓐ FEUILLETAGE RAPIDE

강력분 250g
박력분 250g
버터 420g
소금 12g
물 250g
슈거파우더 적당량

1 믹서볼에 함께 체 친 강력분과 박력분, 버터를 넣고 비터로 버터 겉면에 밀가루가 묻을 정도로만 가볍게 믹싱한다.
2 소금을 녹인 차가운 물을 넣고 가볍게 믹싱한다.
3 반죽을 꺼내 손으로 뭉쳐 한 덩어리로 만든 다음 랩으로 감싸 냉장고에서 1시간 동안 휴지시킨다.
4 3절 접기를 3회 하고 4등분한 뒤 0.3㎝ 두께로 밀어 펴 피케하고 냉동고에서 30분 동안 휴지시킨다.
tip 밀고 접는 작업은 3절 접기 2회 → 3절 접기 1회로 나눠 진행하며 3절 접기 2회 한 후 냉장고에서 1시간 동안 휴지시킨다.
5 철팬에 올려 180℃ 오븐에서 10분 동안 구운 다음 윗면에 철팬을 겹쳐 올려 20~30분 더 굽는다.
6 겹쳐 올린 철팬을 빼고 지름 8㎝ 크기의 원형 커터로 찍어 자른다.
7 윗면에 슈거파우더를 뿌려 220℃ 오븐에서 2~3분 캐러멜화한 뒤 식힌다.

초콜릿 크라클랭 Ⓑ CRAQUELIN AU CHOCOLAT

버터 50g
설탕 62g
박력분 55g
코코아파우더 7g

1 믹서볼에 버터, 설탕을 넣고 비터로 믹싱한다.
2 함께 체 친 박력분, 코코아파우더를 넣고 한 덩어리가 될 때까지 믹싱한다.
3 0.2㎝ 두께로 밀어 편 다음 지름 3㎝ 크기의 원형 커터로 찍어 자르고 냉동고에서 보관한다.

초콜릿 슈 Ⓒ CHOUX AU CHOCOLAT

물 50g
우유 50g
버터 44g
소금 2g
설탕 2g
중력분 50g
코코아파우더 10g
달걀 95g

1 냄비에 물, 우유, 버터, 소금, 설탕을 넣고 중불에서 버터가 녹을 때까지 끓인다.
2 불에서 내려 함께 체 친 중력분, 코코아파우더를 넣고 섞는다.
3 다시 불에 올려 약불에서 빠르게 섞어 가며 호화시킨다.
4 불에서 내려 믹서볼에 옮긴 다음 비터로 60℃가 될 때까지 믹싱한다.
5 푼 달걀을 조금씩 나누어 넣으며 믹싱한다.
6 지름 1㎝ 크기의 원형 깍지를 낀 짤주머니에 반죽을 넣고 철팬에 지름 2㎝ 크기의 원형으로 짠다.
7 슈의 윗면에 B(초콜릿 크라클랭)를 올리고 170℃ 오븐에서 30분 동안 굽는다.

커피 크레뫼 Ⓓ CRÉMEUX AU CAFÉ

생크림 350g
에스프레소 155g
설탕A 25g
노른자 70g
설탕B 25g
젤라틴 매스 56g
블론드초콜릿 200g
발로나 둘세 35%
버터 150g

1 냄비에 생크림, 에스프레소, 설탕A를 넣고 끓기 직전까지 가열한다.
2 볼에 노른자, 설탕B를 넣고 섞은 다음 ①을 조금씩 나누어 넣으며 섞는다.
3 체에 걸러 다시 냄비에 옮긴 뒤 약불에서 저어 가며 83~85℃까지 가열한다.
4 불에서 내려 젤라틴 매스를 넣고 녹인다.
5 다른 볼에 블론드초콜릿을 넣고 ④를 부어 고루 섞는다.
6 핸드블렌더로 믹싱해 유화시키고 45℃까지 식힌 뒤 부드러운 상태의 버터를 넣고 핸드블렌더로 다시 믹싱한다.
7 표면에 랩을 밀착시키고 감싸 냉장고에서 12시간 이상 휴지시킨다.

마스카르포네 샹티이 크림 Ⓔ CRÈME CHANTILLY AU MASCARPONE

생크림 250g
마스카르포네 50g
설탕 25g

1 믹서볼에 모든 재료를 넣고 80%까지 휘핑한다.
tip 마스카르포네 샹티이 크림은 분리가 잘 되는 크림이므로 사용하기 직전 만들어 바로 사용한다.

커피 글라사주 Ⓕ GLAÇAGE AU CAFÉ

생크림 130g
물엿 50g
원두 10g
젤라틴 매스 35g
블론드초콜릿 160g
발로나 둘세 35%
다크코팅초콜릿 150g
카카오바리 파타글라세 브라운

1 냄비에 생크림, 물엿, 분쇄한 원두를 넣고 끓기 직전까지 가열한다.
2 젤라틴 매스를 넣고 녹인 다음 체에 거른다.
3 비커에 블론드초콜릿, 다크코팅초콜릿을 함께 넣고 ②를 부어 핸드블렌더로 믹싱한다.
tip 온도 28~30℃에서 사용하며 사용 전 다시 핸드블렌더로 믹싱한다.

마무리 MONTAGE

코코아파우더 적당량
식용 금박 적당량

1 지름 1㎝ 크기의 원형 깍지를 낀 짤주머니에 E(마스카르포네 샹티이 크림)를 넣고 A(퓌이타주 라피드)의 가장자리에 링 모양으로 짠다.
2 다른 짤주머니에 부드럽게 푼 D(커피 크레뫼)를 넣고 ①의 가운데에 짠다.
3 A(퓌이타주 라피드)를 1장 올린다.
4 남은 E(마스카르포네 샹티이 크림)를 ㅡ자 모양깍지를 낀 또 다른 짤주머니에 넣고 ③의 윗면에 꽃잎 모양으로 돌려 가며 짠다.
5 아랫면에 구멍을 낸 C(초콜릿 슈) 안에 남은 D(커피 크레뫼)를 가득 짜 넣은 뒤 윗면에 F(커피 글라사주)를 입힌다.
6 ④의 윗면에 코코아파우더를 뿌린 다음 가운데에 ⑤를 올리고 식용 금박으로 장식한다.

Chapter 5

PARIS-BREST

파리 브레스트

파리 브레스트는 1891년 파리에서 프랑스 북서부 브르타뉴 지방의 도시 브레스트까지 왕복하는 '파리-브레스트 자전거 경주'를 기념하고자 자전거 바퀴 모양을 본 떠 만든 슈 디저트다. 슈 반죽을 링 모양으로 짜고 아몬드 슬라이스를 뿌려 구운 다음 반으로 갈라 프랄리네를 넣고 만든 무슬린 크림을 샌드해 만든다. 주재료로 사용하는 견과류를 달리 사용해 다양한 메뉴를 개발할 수 있다.

파리 브레스트 포인트

견과류라고 하면 보통 헤이즐넛, 호두, 피칸, 밤처럼 단단한 껍질이 알맹이를 감싸고 있는 열매류를 지칭하지만 아몬드, 마카다미아, 땅콩, 잣, 참깨, 해바라기 씨 등 씨앗까지도 포함하는 것이 일반적이다.
견과류는 단백질, 섬유질, 비타민, 미네랄 등으로 구성되어 있는데 지방 함량이 5% 미만인 밤을 제외하면 대부분 지방 함량이 50~60%로 높은 편이다. 심지어 마카다미아는 지방 함량이 약 75%로 버터의 지방 함량이 80%인 것과 비교하면 꽤 높다. 이러한 특징 덕분에 견과류를 곱게 분쇄하면 본연의 지방 성분이 배어 나오는데, 이를 이용해 걸쭉한 페이스트나 프랄리네를 만들어 제품에 사용한다.

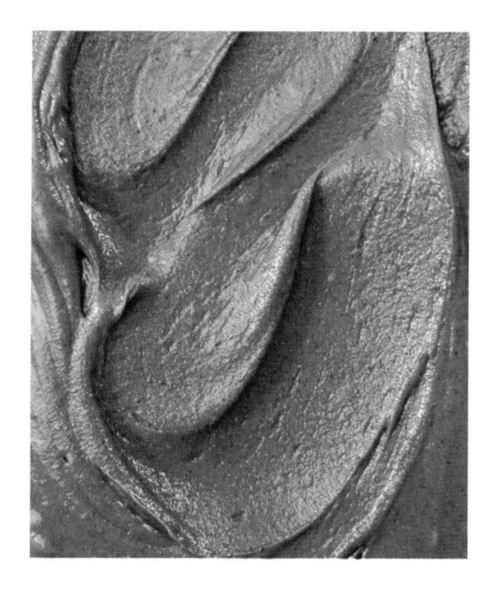

견과류 페이스트(Nut Paste)

구운 견과류에 다른 첨가물은 최소한만 넣고 곱게 갈아 페이스트 형태로 만든 것이다. 너츠 버터(Nut Butter)라고도 불리며 대표적인 예가 바로 슈퍼마켓 등에서 흔히 볼 수 있는 땅콩 버터다. 제과에 사용하면 견과류의 담백하고 고소한 맛을 그대로 담을 수 있으며 첨가물이 거의 들어가지 않아 비건 레시피에도 두루 활용할 수 있다. 소금이나 시럽을 조금 첨가해도 좋고 되직한 텍스처를 부드럽게 만들고 싶다면 오일 등을 소량 넣어 농도를 맞춰도 된다.

프랄리네(Praliné)

프랄리네를 만드는 방법에는 캐러멜화한 설탕에 구운 견과류를 섞어 굳힌 다음 곱게 가는 것, 물과 설탕으로 만든 시럽에 굽지 않은 견과류를 넣고 함께 카라멜리제해 색을 내고 굳힌 다음 분쇄하는 것 이렇게 두 가지가 있다. 프랄리네는 크림을 만들 때 넣어 견과류의 맛을 내거나 프랄리네 그 자체를 인서트로 사용하는 등 견과류 맛을 주제로 하는 디저트 레시피에 없어서는 안 될 부재료다.

무슬린 크림 Crème Mousseline

견과류를 주재료로 하는 파리 브레스트에는 주로 무슬린 크림이 사용된다. 무슬린 크림은 파티시에 크림에 부드러운 상태의 버터 혹은 버터 크림을 섞어 만드는 것이 일반적이다. 이때 버터 크림을 섞는다면 표현하고자 하는 맛에 따라 이탈리안 머랭을 베이스로 한 버터 크림을 넣을 것인지, 파트 아 봄브를 베이스로 한 버터 크림을 사용할 것인지, 크렘 앙글레즈를 베이스로 한 버터 크림을 선택할 것인지를 결정하면 된다. 예를 들어 견과류와 가장 잘 어울리는 눅진한 파트 아 봄브 버터 크림이 너무 무겁다고 느껴지면 보다 가벼운 느낌의 이탈리안 머랭 버터 크림을 사용하면 된다. 이렇게 만든 무슬린 크림에 각종 견과류로 만든 페이스트나 프랄리네를 더하면 견과류의 특징이 잘 살아난 크림이 완성된다.

MAKING 1

아몬드 페이스트
Pâte d'Amande

재료

아몬드 300g
바닐라 빈 1/2개
아몬드 오일 15g

1 철팬에 아몬드를 펼쳐 놓고 180℃ 오븐에서 12분 동안 구운 다음 식힌다.
2 푸드프로세서에 구운 아몬드, 바닐라 빈의 씨와 깍지를 넣고 아몬드의 알갱이가 보이지 않을 때까지 간다.
3 아몬드 오일을 넣고 페이스트 형태가 될 때까지 곱게 간다.
tip 아몬드 오일은 올리브유 등으로 대체할 수 있으며 되직한 텍스처의 페이스트를 만들 때에는 넣지 않아도 된다.

1

2

3

보관법

완성한 페이스트는 냉장고에서 1주일 동안 보관할 수 있다.

CHOUX MAKING 2

아몬드 프랄리네
Praliné aux Amandes

재료
아몬드 300g
설탕 250g
바닐라 빈 1/2개

1 철팬에 아몬드를 펼쳐 놓고 180℃ 오븐에서 12분 동안 구운 다음 식힌다.
2 냄비에 설탕을 2~3회에 걸쳐 나누어 넣으며 캐러멜화한다.
3 갈색을 띠면 불에서 내려 구운 아몬드, 바닐라 빈의 씨와 깍지를 넣고 섞은 다음 실리콘 매트에 펼쳐 식힌다.
4 푸드프로세서에 넣고 페이스트 형태가 될 때까지 곱게 간다.

2

3-1

3-2

4

보관법

냉장고에서 1주일 동안 보관 가능하다.

CHOUX

PARIS-BREST AMANDE CLASSIQUE

클래식 아몬드 파리 브레스트

슈, 견과류 프랄리네, 무슬린 크림을 조합해 만드는 클래식 파리 브레스트는 호불호가 갈리지 않는 맛으로 오랜 시간 남녀노소에게 사랑받아 온 대표적인 슈 디저트다. 먹음직스러운 비주얼과 함께 은은하게 풍기는 고소한 아몬드 향은 식욕을 자극하기에 충분하다.

지름 8㎝ 크기의 원형 파리 브레스트 6개

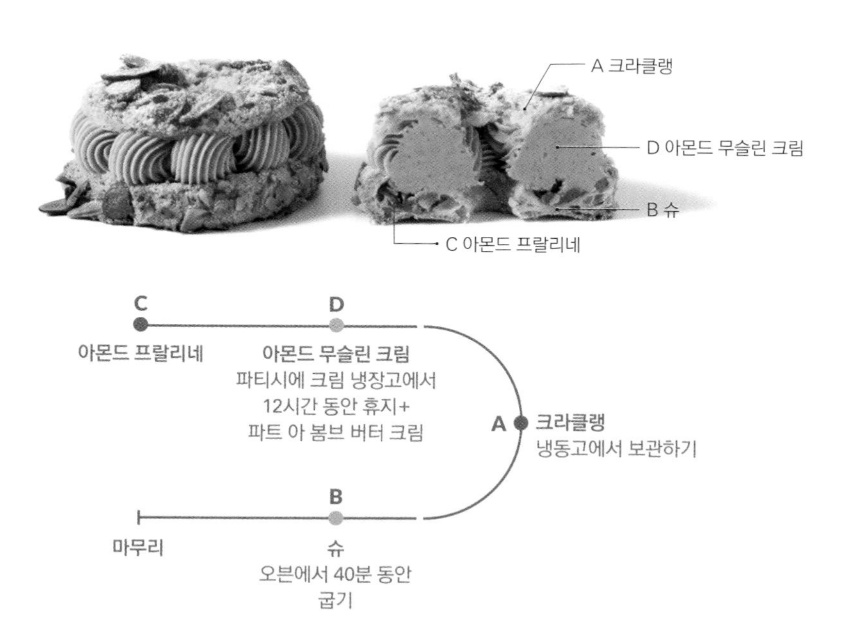

크라클랭 Ⓐ CRAQUELIN

버터 50g
설탕 62g
박력분 40g
아몬드파우더 22g

1. 믹서볼에 버터, 설탕을 넣고 비터로 믹싱한다.
2. 함께 체 친 박력분, 아몬드파우더를 넣고 한 덩어리가 될 때까지 믹싱한다.
3. 0.2㎝ 두께로 밀어 편 다음 지름 2㎝, 8㎝ 크기의 원형 커터를 사용해 링 모양으로 찍어 자르고 냉동고에서 보관한다.

슈 Ⓑ CHOUX

물 100g
우유 100g
버터 88g
소금 4g
설탕 4g
중력분 110g
달걀 170g
흰자 적당량
아몬드 슬라이스 적당량

1. 냄비에 물, 우유, 버터, 소금, 설탕을 넣고 중불에서 버터가 녹을 때까지 끓인다.
2. 불에서 내려 체 친 중력분을 넣고 섞는다.
3. 다시 불에 올려 약불에서 빠르게 섞어 가며 호화시킨다.
4. 불에서 내려 믹서볼에 옮긴 다음 비터로 60℃가 될 때까지 믹싱한다.
5. 푼 달걀을 조금씩 나누어 넣으며 믹싱한다.
6. 에클레르 모양깍지(Matfer PF16)를 낀 짤주머니에 반죽을 넣고 타공 매트를 깐 철판에 지름 7㎝ 크기의 링 모양으로 짠다.
   tip 지름 7㎝ 크기의 원형 커터에 밀가루를 묻혀 타공 매트에 미리 가이드 라인을 찍어 두면 반죽을 균일한 모양으로 짤 수 있다.
7. 윗면에 A(크라클랭)를 올린 뒤 흰자를 바르고 아몬드 슬라이스를 뿌린다.
8. 170℃ 오븐에서 40분 동안 굽는다.
   tip 굽기가 끝난 후 오븐의 문을 열지 않고 오븐 안에서 식히면 보다 바삭한 식감의 슈를 완성할 수 있다.

아몬드 프랄리네 Ⓒ PRALINÉ AUX AMANDES

아몬드 300g
설탕 250g
바닐라 빈 1/2개

1. 철팬에 아몬드를 펼쳐 놓고 150℃ 오븐에서 15분 동안 구운 다음 식힌다.
2. 냄비에 설탕을 2~3회에 걸쳐 나누어 넣으며 캐러멜화한다.
3. 갈색을 띠면 불에서 내려 구운 아몬드, 바닐라 빈의 씨와 깍지를 넣고 섞은 다음 실리콘 매트에 펼쳐 식힌다.
4. 푸드프로세서에 넣고 페이스트 형태가 될 때까지 곱게 간다.

아몬드 무슬린 크림 Ⓓ CRÈME MOUSSELINE À L'AMANDE

파트 아 봄브 버터 크림 100g
파티시에 크림 200g
C(아몬드 프랄리네) 100g

1 믹서볼에 파트 아 봄브 버터 크림을 넣고 비터로 부드러운 상태가 될 때까지 믹싱한다.
   tip 파트 아 봄브 버터 크림은 p.46을 참고해 만든다.
2 파티시에 크림을 넣고 부드러운 상태가 될 때까지 믹싱한다.
   tip 파티시에 크림은 p.40을 참고해 만든다.
3 C(아몬드 프랄리네)를 넣고 고루 믹싱한다.
   tip C(아몬드 프랄리네)는 같은 양의 시판용 아몬드 프랄리네로 대체 가능하다.
4 표면에 랩을 밀착시키고 감싸 냉장고에서 보관한다.

마무리 MONTAGE

아몬드 적당량
슈거파우더 적당량

1 B(슈)는 반으로 자른다.
2 짤주머니에 C(아몬드 프랄리네)를 넣고 슈 안에 짜 넣은 다음 아몬드를 올린다.
   tip 아몬드는 180℃ 오븐에서 12분 동안 구운 뒤 잘게 부순 것을 사용한다.
3 에클레르 모양깍지(Matfer PF16)를 낀 다른 짤주머니에 부드럽게 푼 D(아몬드 무슬린 크림)를 넣고 꽃잎 모양으로 돌려 가며 짠다.
4 ①에서 자른 슈 윗면을 덮고 슈거파우더를 뿌린다.

CHOUX

PARIS-BREST NOISETTE

헤이즐넛 파리 브레스트

호기심을 자극하는 꽃 모양의 '헤이즐넛 파리 브레스트'. 원형으로 슈를 이어 짜 꽃잎을 하나씩 떼듯 슈를 하나씩 떼어 먹을 수 있다. 헤이즐넛파우더, 헤이즐넛 프랄리네, 잘게 부순 헤이즐넛 등 다양한 형태의 헤이즐넛을 곳곳에 더해 헤이즐넛의 고소함을 만끽할 수 있다.

지름 15㎝ 크기의 원형 파리 브레스트 2개

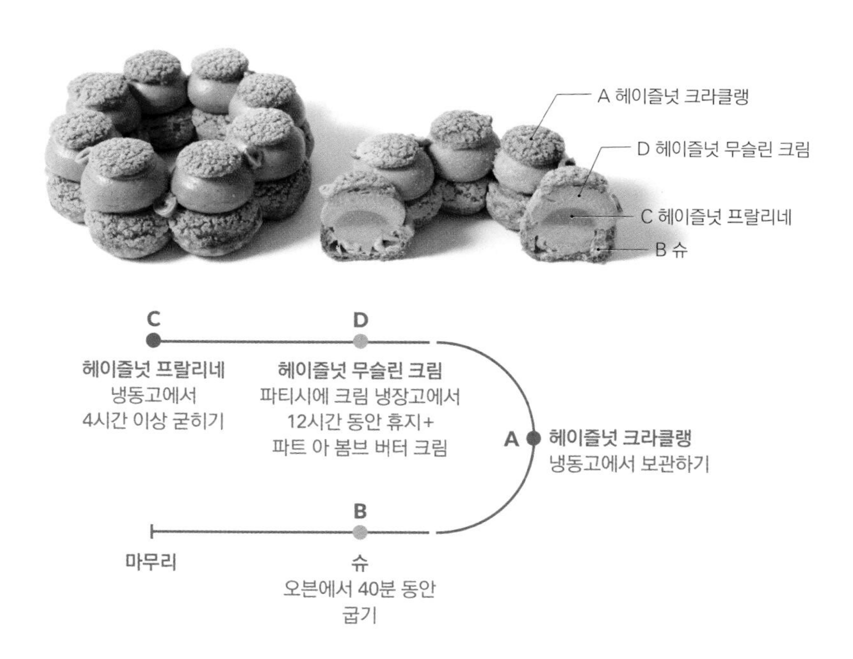

헤이즐넛 크라클랭 Ⓐ CRAQUELIN NOISETTE

버터 50g
설탕 62g
박력분 40g
헤이즐넛파우더 22g

1 믹서볼에 버터, 설탕을 넣고 비터로 믹싱한다.
2 함께 체 친 박력분, 헤이즐넛파우더를 넣고 한 덩어리가 될 때까지 믹싱한다.
3 0.2cm 두께로 밀어 편 다음 지름 3cm 크기의 원형 커터로 찍어 자르고 냉동고에서 보관한다.

슈 Ⓑ CHOUX

물 100g
우유 100g
버터 88g
소금 4g
설탕 4g
중력분 110g
달걀 186g

1 냄비에 물, 우유, 버터, 소금, 설탕을 넣고 중불에서 버터가 녹을 때까지 끓인다.
2 불에서 내려 체 친 중력분을 넣고 섞는다.
3 다시 불에 올려 약불에서 빠르게 섞어 가며 호화시킨다.
4 불에서 내려 믹서볼에 옮긴 다음 비터로 60℃가 될 때까지 믹싱한다.
5 푼 달걀을 조금씩 나누어 넣으며 믹싱한다.
6 지름 1cm 크기의 원형 깍지를 낀 짤주머니에 반죽을 넣고 철팬에 지름 12cm 크기의 링 모양이 되도록 지름 3cm 크기의 원형을 이어 짠다.
7 윗면에 A(헤이즐넛 크라클랭)를 올리고 170℃ 오븐에서 40분 동안 굽는다.

헤이즐넛 프랄리네 Ⓒ PRALINÉ NOISETTE

헤이즐넛 300g
설탕 250g
바닐라 빈 1/2개

1 철팬에 헤이즐넛을 펼쳐 놓고 150℃ 오븐에서 15분 동안 구운 다음 식힌다.
2 냄비에 설탕을 2~3회에 걸쳐 나누어 넣어 가며 캐러멜화한다.
3 갈색을 띠면 불에서 내려 구운 헤이즐넛, 바닐라 빈의 씨와 깍지를 넣고 섞은 다음 실리콘 매트에 펼쳐 식힌다.
4 푸드프로세서에 넣고 페이스트 형태가 될 때까지 곱게 간다.
5 지름 3cm 크기의 반구 모양 실리콘 몰드(Silikomart SF006)에 채워 냉동고에서 4시간 이상 굳힌다.
6 남은 프랄리네는 표면에 랩을 밀착시키고 감싸 냉장고에서 보관해 D(헤이즐넛 무슬린 크림)를 만들 때 사용한다.

헤이즐넛 무슬린 크림 Ⓓ CRÈME MOUSSELINE NOISETTE

파트 아 봄브 버터 크림 100g
파티시에 크림 200g
C(헤이즐넛 프랄리네) 100g

1 믹서볼에 파트 아 봄브 버터 크림을 넣고 비터로 부드러운 상태가 될 때까지 믹싱한다.
tip 파트 아 봄브 버터 크림은 p.46을 참고해 만든다.
2 파티시에 크림을 넣고 부드러운 상태가 될 때까지 믹싱한다.
tip 파티시에 크림은 p.40을 참고해 만든다.
3 C(헤이즐넛 프랄리네)를 넣고 고루 믹싱한다.
4 표면에 랩을 밀착시키고 감싸 냉장고에서 보관한다.

마무리 MONTAGE

헤이즐넛 적당량
슈거파우더 적당량

1 B(슈)를 위의 1/3 지점에서 자른다.
2 ① 안에 헤이즐넛을 깔고, 부드럽게 풀어 짤주머니에 넣은 D(헤이즐넛 무슬린 크림)를 짠다.
tip 헤이즐넛은 180℃ 오븐에서 12분 동안 구운 다음 잘게 부순 것을 사용한다.
3 크림 가운데에 몰드에서 뺀 C(헤이즐넛 프랄리네)를 올린다.
4 지름 2㎝ 크기의 원형 깍지를 낀 다른 짤주머니에 남은 D(헤이즐넛 무슬린 크림)를 넣고 ③의 프랄리네 윗면에 물방울 모양으로 짠다.
5 헤이즐넛을 군데군데 올리고 ①에서 자른 슈 윗면을 덮은 뒤 슈거파우더를 뿌린다.

CHOUX

PARIS-BREST PISTACHE ET FRAMBOISE

피스타치오 산딸기 파리 브레스트

고소한 피스타치오에 상큼한 산딸기를 페어링해 매력이 넘치는 파리 브레스트를 완성했다. 피스타치오 무슬린 크림 사이에 숨겨진 산딸기 쿨리는 느끼해질 수 있는 맛에 악센트를 주며 마무리를 산뜻하게 한다.

지름 8㎝ 크기의 원형 파리 브레스트 6개

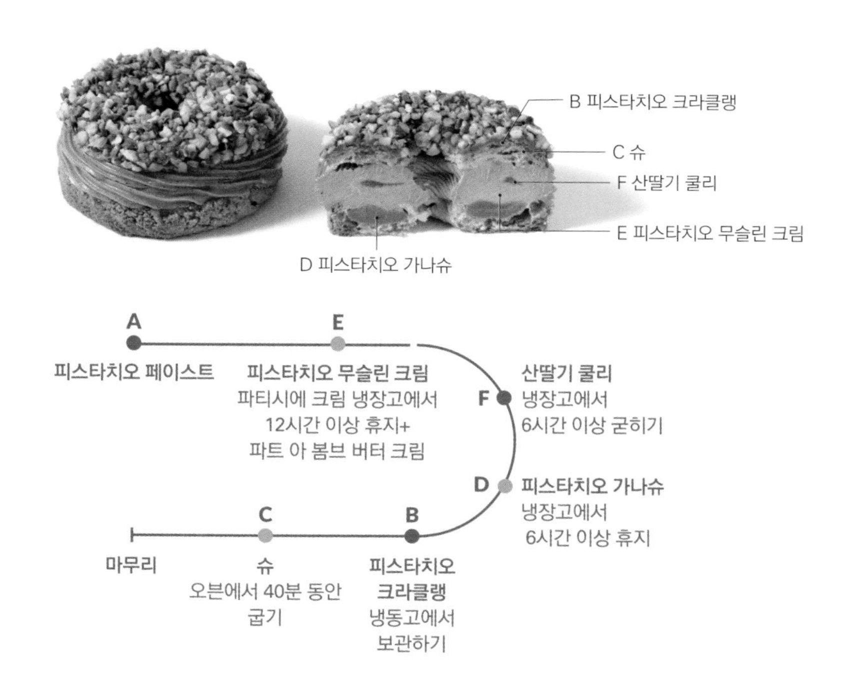

피스타치오 페이스트 Ⓐ PÂTE DE PISTACHE

피스타치오 300g
바닐라 빈 1/2개
소금 약간

1. 철팬에 피스타치오를 펼쳐 놓고 150℃ 오븐에서 15분 동안 구운 다음 식힌다.
   tip 속껍질을 제거한 피스타치오를 사용하면 조금 더 선명한 녹색의 페이스트를 만들 수 있다.
2. 푸드프로세서에 구운 피스타치오, 바닐라 빈의 씨와 깍지, 소금을 넣고 페이스트 형태가 될 때까지 곱게 간다.

피스타치오 크라클랭 Ⓑ CRAQUELIN PISTACHE

버터 40g
설탕 62g
박력분 45g
피스타치오파우더 22g
A(피스타치오 페이스트) 10g

1. 믹서볼에 버터, 설탕을 넣고 비터로 믹싱한다.
2. 함께 체 친 박력분, 피스타치오파우더를 넣고 믹싱한 다음 A(피스타치오 페이스트)를 넣고 한 덩어리가 될 때까지 믹싱한다.
3. 0.2㎝ 두께로 밀어 편 뒤 지름 2㎝, 지름 8㎝ 크기의 원형 커터를 사용해 링 모양으로 찍어 자르고 냉동고에서 보관한다.

슈 Ⓒ CHOUX

물 100g
우유 100g
버터 88g
소금 4g
설탕 4g
중력분 110g
달걀 170g

1. 냄비에 물, 우유, 버터, 소금, 설탕을 넣고 중불에서 버터가 녹을 때까지 끓인다.
2. 불에서 내려 체 친 중력분을 넣고 섞는다.
3. 다시 불에 올려 약불에서 빠르게 섞어 가며 호화시킨다.
4. 불에서 내려 믹서볼에 옮긴 다음 비터로 60℃가 될 때까지 믹싱한다.
5. 푼 달걀을 조금씩 나누어 넣으며 믹싱한다.
6. 에클레르 모양깍지(Matfer PF16)를 낀 짤주머니에 반죽을 넣고 타공 매트를 깐 철팬에 지름 7㎝ 크기의 링 모양으로 짠다.
   tip 지름 7㎝ 크기의 원형 커터에 밀가루를 묻혀 타공 매트에 미리 가이드 라인을 찍어 두면 반죽을 균일한 모양으로 짤 수 있다.
7. 윗면에 B(피스타치오 크라클랭)를 올리고 170℃ 오븐에서 40분 동안 굽는다.

피스타치오 가나슈 Ⓓ GANACHE PISTACHE

생크림 100g
물엿 20g
A(피스타치오 페이스트) 100g
화이트초콜릿 100g
발로나 오팔리스 33%

1. 냄비에 생크림, 물엿을 넣고 80℃까지 가열한다.
2. 볼에 A(피스타치오 페이스트), 화이트초콜릿을 넣고 ①을 부어 고루 섞는다.
3. 핸드블렌더로 믹싱해 유화시킨 다음 냉장고에서 6시간 이상 휴지시킨다.

피스타치오 무슬린 크림 Ⓔ CRÈME MOUSSELINE PISTACHE

파트 아 봄브 버터 크림 100g
파티시에 크림 200g
A(피스타치오 페이스트) 100g

1 믹서볼에 파트 아 봄브 버터 크림을 넣고 비터로 부드러운 상태가 될 때까지 믹싱한다.
tip 파트 아 봄브 버터 크림은 p.46을 참고해 만든다.
2 파티시에 크림을 넣고 부드러운 상태가 될 때까지 믹싱한다.
tip 파티시에 크림은 p.40을 참고해 만든다.
3 A(피스타치오 페이스트)를 넣고 고루 믹싱한다.
4 표면에 랩을 밀착시키고 감싸 냉장고에서 보관한다.

산딸기 쿨리 Ⓕ COULIS DE FRAMBOISES

산딸기 퓌레 100g
11°±2Brix
설탕 10g
젤라틴 매스 14g

1 냄비에 산딸기 퓌레, 설탕을 넣고 끓인다.
2 불에서 내려 젤라틴 매스를 넣고 녹인 다음 트레이에 붓고 표면에 랩을 밀착시키고 감싸 냉장고에서 6시간 이상 굳힌다.

마무리 MONTAGE

피스타치오 적당량

1 C(슈)를 반으로 자른 다음 부드럽게 풀어 짤주머니에 넣은 D(피스타치오 가나슈)를 아랫부분 슈에 짠다.
tip D(피스타치오 가나슈)는 미리 상온에 꺼내 두어 부드러운 상태에서 사용한다.
2 에클레르 모양깍지(Matfer PF16)를 낀 다른 짤주머니에 부드럽게 푼 E(피스타치오 무슬린 크림)를 넣고 ①의 윗면에 짠다.
3 또 다른 짤주머니에 F(산딸기 쿨리)를 부드럽게 풀어 넣고 무슬린 크림 가운데에 짠 뒤 윗면에 남은 E(피스타치오 무슬린 크림)를 짠다.
4 ①에서 자른 윗부분 C(슈)의 윗면에 남은 D(피스타치오 가나슈)를 붓으로 바른 후 피스타치오를 뿌려 ③에 올린다.
tip 피스타치오는 150℃ 오븐에서 15분 동안 구워 식힌 뒤 잘게 부순 것을 사용한다.

CHOUX

PARIS-BREST CACAHOUÈTE ET BANANE

땅콩 바나나 파리 브레스트

땅콩과 바나나를 조합해 만든 달콤 고소한 매력의 파리 브레스트다. 반죽부터 크림에 이르기까지 모든 구성 요소에 땅콩을 활용해 진한 고소함을 담고 바나나를 쿨리 형태로 만들어 맛과 식감에 스펙트럼을 넓혔다. 차갑게 해 먹으면 한층 가볍게 즐길 수 있다.

지름 8㎝ 크기의 원형 파리 브레스트 6개

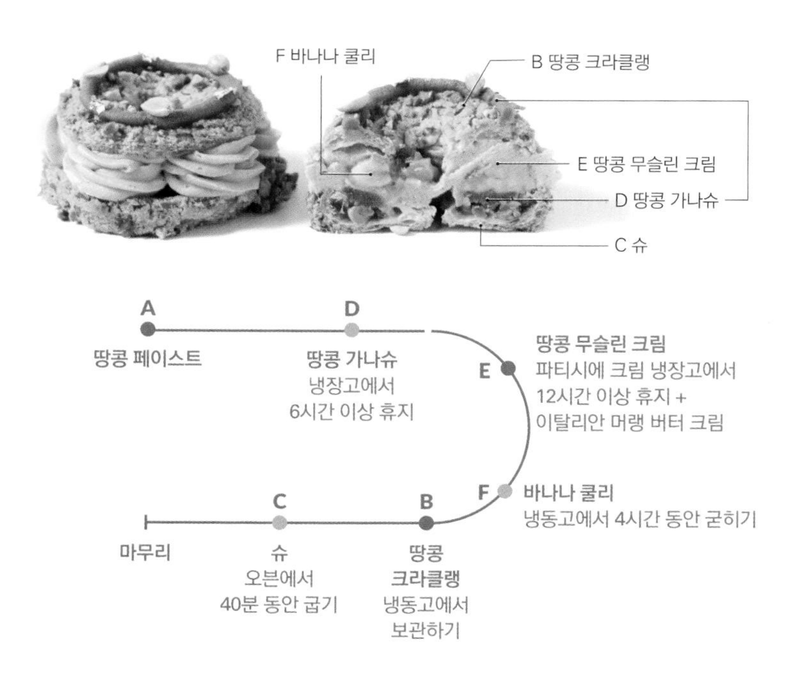

땅콩 페이스트 Ⓐ PÂTE CACAHOUÈTE

땅콩 300g
설탕 30g
소금 1g

1 철팬에 껍질을 벗긴 땅콩을 펼쳐 놓고 150℃ 오븐에서 15분 동안 구운 다음 식힌다.
2 푸드프로세서에 구운 땅콩, 설탕, 소금을 넣고 페이스트 형태가 될 때까지 곱게 간다.

땅콩 크라클랭 Ⓑ CRAQUELIN CACAHOUÈTE

버터 40g
설탕 62g
박력분 62g
A(땅콩 페이스트) 10g

1 믹서볼에 버터, 설탕을 넣고 비터로 믹싱한다.
2 함께 체 친 박력분을 넣고 한 덩어리가 될 때까지 믹싱한 다음 A(땅콩 페이스트)를 넣고 믹싱한다.
3 0.2㎝ 두께로 밀어 편 다음 지름 2㎝, 지름 8㎝ 크기의 원형 커터를 사용해 링 모양으로 찍어 자르고 냉동고에서 보관한다.

슈 Ⓒ CHOUX

물 100g
우유 100g
버터 88g
소금 4g
설탕 4g
중력분 110g
달걀 170g
흰자 적당량
땅콩 적당량

1 냄비에 물, 우유, 버터, 소금, 설탕을 넣고 중불에서 버터가 녹을 때까지 끓인다.
2 불에서 내려 체 친 중력분을 넣고 섞는다.
3 다시 불에 올려 약불에서 빠르게 섞어 가며 호화시킨다.
4 불에서 내려 믹서볼에 옮긴 다음 비터로 60℃가 될 때까지 믹싱한다.
5 푼 달걀을 조금씩 나누어 넣으며 믹싱한다.
6 에클레르 모양깍지(Matfer PF16)를 낀 짤주머니에 반죽을 넣고 타공 매트를 깐 철팬에 지름 7㎝ 크기의 링 모양으로 짠다.
tip 지름 7㎝ 크기의 원형 커터에 밀가루를 묻혀 미리 타공 매트에 가이드 라인을 찍어 두면 반죽을 균일한 모양으로 짤 수 있다.
7 윗면에 B(땅콩 크라클랭)를 올리고 흰자를 바른 뒤 작게 자른 땅콩을 올린다.
8 170℃ 오븐에서 40분 동안 굽는다.

땅콩 가나슈 Ⓓ GANACHE CACAHOUÈTE

생크림 100g
A(땅콩 페이스트) 200g
블론드초콜릿 100g
발로나 둘세 35%

1 냄비에 생크림을 넣고 80℃까지 가열한다.
2 볼에 A(땅콩 페이스트), 블론드초콜릿을 넣고 ①을 부은 다음 고루 섞는다.
3 핸드블렌더로 믹싱해 유화시킨 뒤 냉장고에서 6시간 이상 휴지시킨다.

땅콩 무슬린 크림 Ⓔ CRÈME MOUSSELINE CACAHOUÈTE

이탈리안 머랭 버터 크림 100g
파티시에 크림 200g
A(땅콩 페이스트) 100g

1 믹서볼에 이탈리안 머랭 버터 크림을 넣고 비터로 부드러운 상태가 될 때까지 믹싱한다.
tip 이탈리안 머랭 버터 크림은 p.45를 참고해 만든다.
2 파티시에 크림을 넣고 부드러운 상태가 될 때까지 믹싱한다.
tip 파티시에 크림은 p.40을 참고해 만든다.
3 A(땅콩 페이스트)를 넣고 고루 믹싱한다.
4 표면에 랩을 밀착시키고 감싸 냉장고에서 보관한다.

바나나 쿨리 Ⓕ COULIS DE BANANES

바나나 퓌레 100g
23°±2Brix
설탕 10g
젤라틴 매스 7g
바나나 100g

1 냄비에 바나나 퓌레, 설탕을 넣고 끓인 다음 불에서 내려 젤라틴 매스를 넣고 녹인다.
2 잠시 식혀 바나나를 넣고 섞는다.
tip 바나나는 껍질을 벗겨 1㎝ 크기의 큐브 모양으로 잘라 준비한다.
3 지름 3㎝ 크기의 반구 모양 실리콘 몰드(Silikomart SF006)에 채워 냉동고에서 4시간 동안 굳힌다.

마무리 — MONTAGE

땅콩 적당량
식용 금박 적당량

1 C(슈)를 반으로 자른 다음 아랫부분 슈 안에 땅콩을 넣고, 부드럽게 풀어 짤주머니에 넣은 D(땅콩 가나슈)를 짠다.
tip 땅콩은 껍질을 제거해 150℃ 오븐에서 15분 동안 구운 뒤 잘게 부숴 사용한다.
2 별 모양깍지를 낀 다른 짤주머니에 부드럽게 푼 E(땅콩 무슬린 크림)를 넣고 ①의 윗면에 한 층 짠다.
3 몰드에서 뺀 F(바나나 쿨리)를 올리고 윗면에 다시 E(땅콩 무슬린 크림)를 한 층 짠다.
4 ①에서 자른 슈 윗면을 올리고 남은 D(땅콩 가나슈)를 짠 다음 땅콩과 식용 금박으로 장식한다.

CHOUX

PARIS-BREST VANILLE ET PÉCAN

바닐라 피칸 파리 브레스트

피칸은 씹는 맛이 있지만 그리 단단하지 않고 견과류 특유의 쓴 뒷맛도 없어 호두의 대체 재료로 많이 쓰인다. 피칸의 고소함에 화사한 꽃 향의 바닐라 가나슈 몽테로 포인트를 줘 피칸과 바닐라의 고급스러운 마리아주를 느낄 수 있는 제품이다.

지름 8㎝ 크기의 원형 파리 브레스트 6개

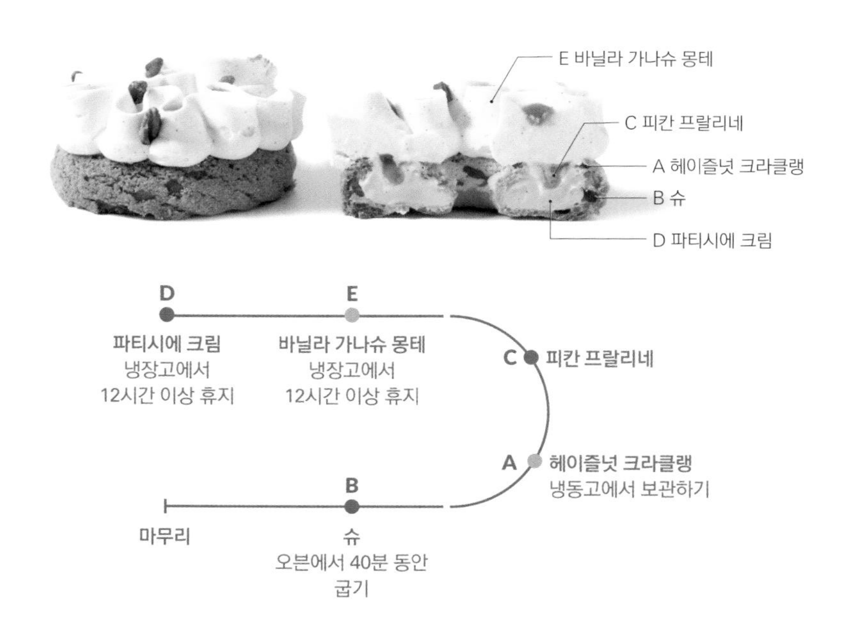

헤이즐넛 크라클랭  CRAQUELIN NOISETTE

버터 50g
설탕 62g
박력분 40g
헤이즐넛파우더 22g

1 믹서볼에 버터, 설탕을 넣고 비터로 믹싱한다.
2 함께 체 친 박력분, 헤이즐넛파우더를 넣고 한 덩어리가 될 때까지 믹싱한다.
3 0.2㎝ 두께로 밀어 편 다음 지름 2㎝, 8㎝ 크기의 원형 커터를 사용해 링 모양으로 찍어 자르고 냉동고에서 보관한다.

슈  CHOUX

물 100g
우유 100g
버터 88g
소금 4g
설탕 4g
중력분 110g
달걀 170g

1 냄비에 물, 우유, 버터, 소금, 설탕을 넣고 중불에서 버터가 녹을 때까지 끓인다.
2 불에서 내려 체 친 중력분을 넣고 섞는다.
3 다시 불에 올려 약불에서 빠르게 섞어 가며 호화시킨다.
4 불에서 내려 믹서볼에 옮긴 다음 비터로 60℃가 될 때까지 믹싱한다.
5 푼 달걀을 조금씩 나누어 넣으며 믹싱한다.
6 에클레르 모양깍지(Matfer PF16)를 낀 짤주머니에 반죽을 넣고 타공 매트를 깐 철팬에 지름 7㎝ 크기의 링 모양으로 짠다.
tip 지름 7㎝ 크기의 원형 커터에 밀가루를 묻혀 미리 타공 매트에 가이드 라인을 찍어 두면 반죽을 균일한 모양으로 짤 수 있다.
7 윗면에 A(헤이즐넛 크라클랭)를 올리고 170℃ 오븐에서 40분 동안 굽는다.

피칸 프랄리네 Ⓒ PRALINÉ PÉCANS

피칸 300g
설탕 250g
바닐라 빈 1/2개

1 철팬에 피칸을 펼쳐 놓고 170℃ 오븐에서 15분 동안 구운 다음 식힌다.
2 냄비에 설탕을 2~3회에 걸쳐 나누어 넣어 가며 캐러멜화한다.
3 갈색을 띠면 불에서 내려 구운 피칸, 바닐라 빈의 씨와 깍지를 넣고 섞은 다음 실리콘 매트에 펼쳐 식힌다.
4 푸드프로세서에 넣고 페이스트 형태가 될 때까지 곱게 간다.

파티시에 크림 (D) CRÈME PÂTISSIÈRE

우유 240g
설탕A 25g
바닐라 빈 1/2개
노른자 30g
설탕B 25g
옥수수 전분 12g
젤라틴 매스 14g
버터 80g

1 냄비에 우유, 설탕A, 바닐라 빈의 씨와 깍지를 넣고 끓기 직전까지 가열한다.
2 볼에 노른자, 설탕B, 옥수수 전분을 넣고 섞는다.
3 ①을 조금씩 나누어 넣으면서 섞는다.
4 체에 걸러 다시 냄비에 옮긴 다음 중불에서 거품기로 섞어 가며 호화시킨다.
5 불에서 내려 젤라틴 매스를 넣고 녹인다.
6 볼에 옮겨 45℃까지 식힌 뒤 부드러운 상태의 버터를 넣고 핸드블렌더로 믹싱한다.
7 표면에 랩을 밀착시키고 감싸 냉장고에서 12시간 이상 휴지시킨다.

바닐라 가나슈 몽테 (E) GANACHE MONTÉE VANILLE

생크림 250g
바닐라 빈 2g
젤라틴 매스 7g
화이트초콜릿 100g
발로나 이보아르 35%

1 냄비에 생크림과 바닐라 빈의 씨를 넣고 80℃까지 가열한다.
2 젤라틴 매스를 넣고 녹인 다음 화이트초콜릿에 붓고 고루 섞는다.
3 핸드블렌더로 믹싱해 유화시킨 뒤 얼음물을 받쳐 40℃까지 식힌다.
4 표면에 랩을 밀착시키고 감싸 냉장고에서 12시간 이상 휴지시킨다.

마무리 MONTAGE

피칸 적당량
슈거파우더 적당량

1 B(슈)를 위의 1/3 지점에서 자른다.
2 짤주머니에 부드럽게 푼 D(파티시에 크림)를 넣고 ①의 아랫부분 B(슈)에 짜 넣은 다음 가운데에 다른 짤주머니에 넣은 C(피칸 프랄리네)를 짠다.
3 생토노레 모양깍지를 낀 또 다른 짤주머니에 휘핑한 E(바닐라 가나슈 몽테)를 넣고 물결 모양으로 둘러 가며 짠다.
4 윗면에 남은 C(피칸 프랄리네)를 군데군데 짜고 피칸과 식용 금박으로 장식한다.
tip 피칸은 슈거파우더를 고루 입혀 170℃ 오븐에서 15분 동안 구운 것을 사용한다.

CHOUX

PARIS-BREST GRAIN

곡물 파리 브레스트

콩, 참깨, 현미 등 다양한 곡식으로 맛을 낸 파리 브레스트로, 여러 가지 곡식을 볶아 넣어 고소한 매력을 배가시켰다. 건강을 생각한 영양 만점 헬시 디저트이다.

지름 8㎝ 크기의 링 모양 파리 브레스트 6개

콩 크라클랭 Ⓐ CRAQUELIN SOJA

버터 50g
설탕 62g
박력분 40g
콩가루(볶은 것) 22g

1 믹서볼에 버터, 설탕을 넣고 비터로 믹싱한다.
2 함께 체 친 박력분, 콩가루를 넣고 한 덩어리가 될 때까지 믹싱한다.
3 0.2㎝ 두께로 밀어 편 다음 지름 2㎝, 8㎝ 크기의 원형 커터를 사용해 링 모양으로 찍어 자르고 냉동고에서 보관한다.

슈 Ⓑ CHOUX

물 100g
우유 100g
버터 88g
소금 4g
설탕 4g
중력분 110g
달걀 170g

1 냄비에 물, 우유, 버터, 소금, 설탕을 넣고 중불에서 버터가 녹을 때까지 끓인다.
2 불에서 내려 체 친 중력분을 넣고 섞는다.
3 다시 불에 올려 약불에서 빠르게 섞어 가며 호화시킨다.
4 불에서 내려 믹서볼에 옮긴 다음 비터로 60℃가 될 때까지 믹싱한다.
5 푼 달걀을 조금씩 나누어 넣으며 믹싱한다.
6 에클레르 모양깍지(Matfer PF16)를 낀 짤주머니에 반죽을 넣고 타공 매트를 깐 철팬에 지름 7㎝ 크기의 링 모양으로 짠다.
tip 지름 7㎝ 크기의 원형 커터에 밀가루를 묻혀 미리 타공 매트에 가이드 라인을 찍어 두면 반죽을 균일한 모양으로 짤 수 있다.
7 윗면에 A(콩 크라클랭)를 올리고 170℃ 오븐에서 40분 동안 굽는다.

참깨 프랄리네 Ⓒ PRALINÉ SÉSAME

설탕 250g
참깨 300g
바닐라 빈 1/2개

1 냄비에 설탕을 2~3회에 걸쳐 나누어 넣으며 캐러멜화한다.
2 갈색을 띠면 불에서 내려 참깨, 바닐라 빈의 씨와 깍지를 넣고 섞은 다음 실리콘 매트에 펼쳐 완전히 식힌다.
tip 참깨는 한 번 볶아 사용한다.
3 푸드프로세서에 넣고 페이스트 형태가 될 때까지 곱게 간다.

참깨 무슬린 크림 Ⓓ CRÈME MOUSSELINE SÉSAME

이탈리안 머랭 버터 크림 100g
파티시에 크림 200g
C(참깨 프랄리네) 100g

1 믹서볼에 이탈리안 머랭 버터 크림을 넣고 비터로 부드러운 상태가 될 때까지 믹싱한다.
tip 이탈리안 머랭 버터 크림은 p.45를 참고해 만든다.
2 파티시에 크림을 넣고 부드러운 상태가 될 때까지 믹싱한다.
tip 파티시에 크림은 p.40을 참고해 만든다.
3 C(참깨 프랄리네)를 넣고 고루 믹싱한다.
4 지름 7㎝ 크기의 링 모양 실리콘 몰드(Silikomart Donuts gourmand 80)에 채워 냉동고에서 6시간 이상 굳힌다.

현미 가나슈 몽테 Ⓔ GANACHE MONTÉE RIZ COMPLET

생크림 210g
현미 우유 120g
젤라틴 매스 14g
블론드초콜릿 150g
칼리바우트 골드 30.4%

1 냄비에 생크림, 현미 우유를 넣고 80℃까지 가열한다.
2 젤라틴 매스를 넣고 녹인 다음 블론드초콜릿에 붓고 고루 섞는다.
3 핸드블렌더로 믹싱해 유화시킨 뒤 얼음물을 받쳐 40℃까지 식힌다.
4 표면에 랩을 밀착시키고 감싸 냉장고에서 12시간 이상 휴지시킨다.

곡식 크런치 Ⓕ CROUSTILLANT DE GRAIN

화이트초콜릿 20g
칼리바우트 W2 28%
화이트코팅초콜릿20g
카카오바리 파타글라세 아이보리
볶은 곡식 120g

1 볼에 화이트초콜릿, 화이트코팅초콜릿을 넣고 녹인 다음 볶은 곡식을 넣고 고루 섞는다.
tip 볶은 곡식은 볶은 현미, 볶은 흑미, 볶은 수수, 볶은 율무 등을 섞어 사용한다.
2 실리콘 매트에 펼쳐 붓고 굳힌다.

마무리 MONTAGE

볶은 곡식 적당량
식용 금박 적당량

1 B(슈)를 반으로 잘라 짤주머니에 넣은 C(참깨 프랄리네)를 아랫부분에 짜 넣고 조각낸 F(곡식 크런치)를 넣는다.
2 몰드에서 뺀 D(참깨 무슬린 크림)를 올린다.
3 빗살 모양깍지를 낀 다른 짤주머니에 휘핑한 E(현미 가나슈 몽테)를 넣고 무슬린 크림을 뒤덮듯이 짠다.
4 ①에서 자른 윗부분 B(슈)의 윗면에 남은 E(현미 가나슈 몽테)를 얇게 짠 다음 볶은 곡식을 빼곡히 붙이고 ③의 윗면에 올린다.
5 식용 금박으로 장식한다.

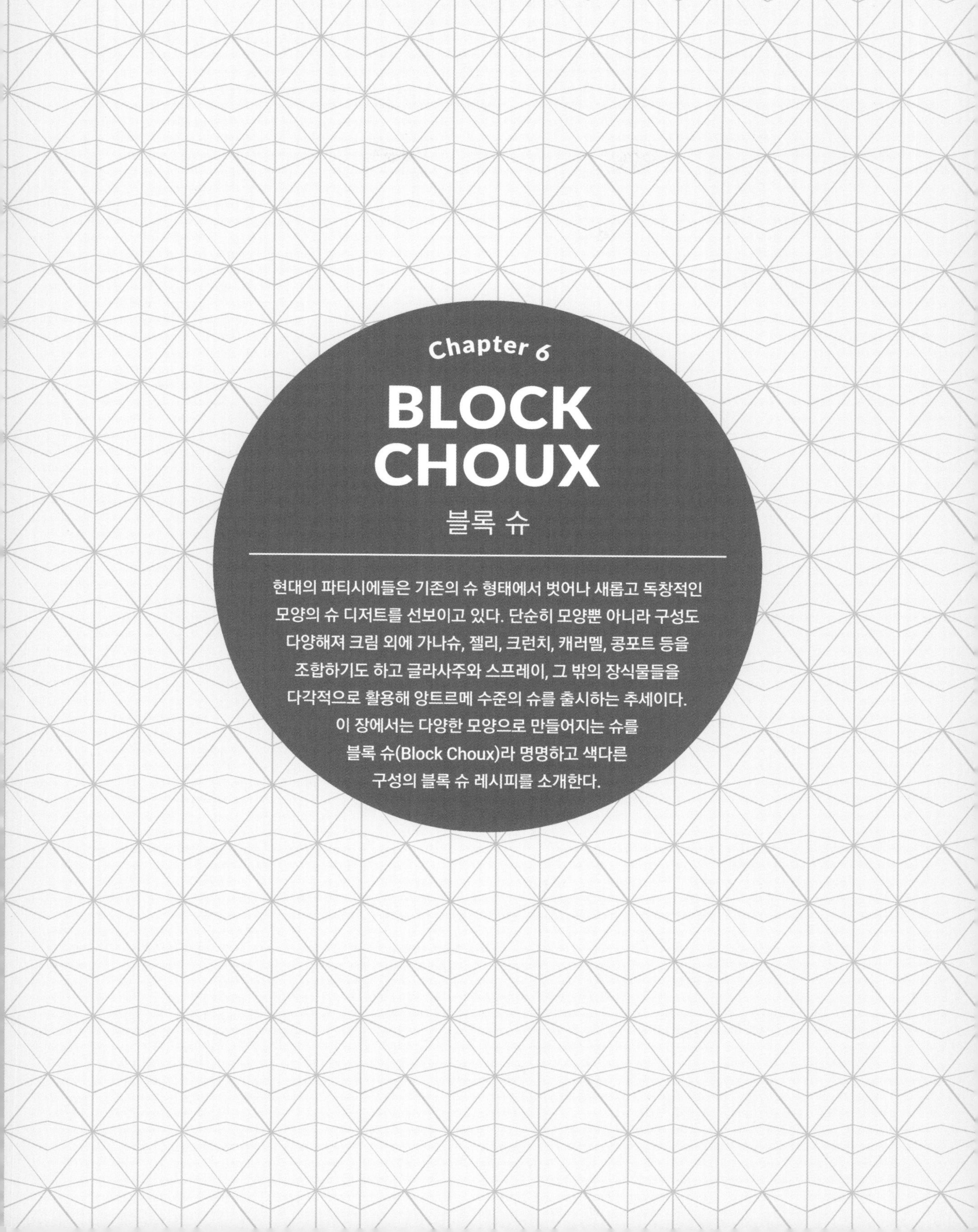

Chapter 6

BLOCK CHOUX

블록 슈

현대의 파티시에들은 기존의 슈 형태에서 벗어나 새롭고 독창적인 모양의 슈 디저트를 선보이고 있다. 단순히 모양뿐 아니라 구성도 다양해져 크림 외에 가나슈, 젤리, 크런치, 캐러멜, 콩포트 등을 조합하기도 하고 글라사주와 스프레이, 그 밖의 장식물들을 다각적으로 활용해 앙트르메 수준의 슈를 출시하는 추세이다. 이 장에서는 다양한 모양으로 만들어지는 슈를 블록 슈(Block Choux)라 명명하고 색다른 구성의 블록 슈 레시피를 소개한다.

블록 슈 포인트

제조법

원하는 모양의 틀 안에 타공 매트를 두른 다음 슈 반죽을 채워 굽는다. 굽는 슈의 크기가 클 때는 틀 안에 슈 반죽이 들러붙는 것을 방지하기 위해 테프론 시트를 한 겹 더 덧대어 두르는 것이 좋다. 타공 매트는 반죽이 틀에 들러붙지 않게 해 구운 후에도 완성한 슈를 쉽게 틀에서 분리할 수 있다. 또한 오븐에서 구워지는 동안 틀 안 공기의 흐름을 원활하게 해 반죽에 고르게 열이 전달될 수 있도록 돕는다. 이밖에도 외관상으로도 반듯하고 균일한 겉면을 완성시킨다. 슈 반죽을 채운 틀 위에도 마찬가지로 타공 매트를 덮고 그 위에 철판을 덧대어 구우면 사방이 매끈한 슈를 완성할 수 있다.

CHOUX POINT 2 반죽

같은 양의 슈 반죽을 굽는다고 가정했을 때 철팬에 슈 반죽을 파이핑해서 굽는 것보다 틀 안에 슈 반죽을 채워 구울 때 슈 껍질이 더 두껍게 형성된다. 따라서 슈 반죽을 틀에 넣고 구울 때에는 달걀의 양을 늘려 반죽의 수분 함량을 높여야 한다. 이렇게 하면 슈 껍질이 두껍게 형성되지 않고 부드러우면서 얇은 껍질을 얻을 수 있다. 반죽의 수분 함량을 조절하는 방법은 기본 슈 반죽 레시피에 있는 달걀 양보다 약 5% 정도 늘려 만들면 된다.

CHOUX POINT 3 반죽의 양

틀에 슈 반죽을 넣을 때는 보통 틀의 25~30%까지 반죽을 넣는 것이 좋다. 반죽의 양이 너무 적으면 틀의 모서리까지 반죽이 채워지지 않아 불규칙한 모양으로 완성될 확률이 높아진다. 반대로 너무 많은 반죽을 틀 안에 넣으면 굽는 과정에서 반죽이 부풀어 틀 밖으로 넘치게 되고 반죽이 튀어나온 부분의 안쪽으로 열이 잘 전달되지 않아 덜 익게 된다. 따라서 본격적으로 제품을 만들기 전, 반죽의 팬닝 양을 달리해 여러 번 테스트해보고 틀에 맞는 적당한 반죽 양을 파악하는 선행 작업이 필요하다.

올바른 팬닝 양

잘 만들어지지 못한 블록 슈

유자 레몬 뷔슈

통나무 모양으로 구운 슈 안에 향긋한 유자 가나슈와 새콤한 레몬 크림을 채워 만들었다. 레몬의 맛을 직관적으로 떠올리게 하는 노란색 글라사주가 먹기도 전에 침샘을 자극한다. 레몬 제스트와 라임 제스트로 간결하게 장식해 세련된 분위기가 난다.

지름 5㎝, 높이 4.5㎝ 크기의 원통 모양 슈 10개

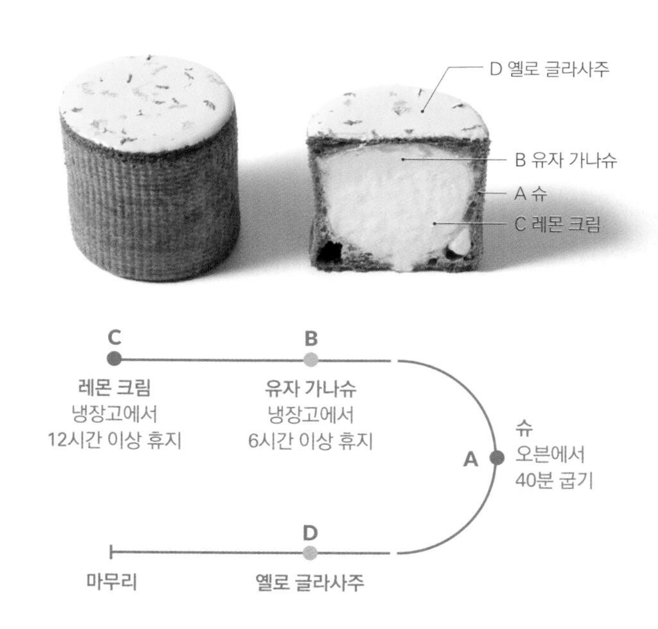

슈 Ⓐ CHOUX

물 50g
우유 50g
버터 44g
소금 2g
설탕 2g
중력분 55g
달걀 98g

1 냄비에 물, 우유, 버터, 소금, 설탕을 넣고 중불에서 버터가 녹을 때까지 끓인다.
2 불에서 내려 체 친 중력분을 넣고 섞는다.
3 다시 불에 올려 약불에서 빠르게 섞어 가며 호화시킨다.
4 불에서 내려 믹서볼에 옮긴 다음 비터로 60℃가 될 때까지 믹싱한다.
5 푼 달걀을 조금씩 나누어 넣으며 믹싱한다.
6 지름 1㎝ 크기의 원형 깍지를 낀 짤주머니에 반죽을 넣고 지름 5㎝, 높이 4.5㎝ 크기의 원통 모양 틀에 1/4 높이까지 짜 넣는다.
   tip 틀 안쪽에 틀 크기에 맞게 자른 타공 매트를 둘러 준비한다.
7 윗면에 타공 매트를 덮은 뒤 철팬을 올리고 170℃ 오븐에서 40분 동안 굽는다.
   tip 타공 매트를 덮고 철팬을 올려 구우면 사방이 매끈하고 반듯한 슈를 완성할 수 있다.

유자 가나슈 Ⓑ GANACHE AU YUJA

생크림 110g
화이트초콜릿 187g
발로나 이보아르 35%
유자 퓌레 50g
8~9°Brix

1 냄비에 생크림을 넣고 80℃까지 가열한다.
2 화이트초콜릿에 붓고 고루 섞는다.
3 유자 퓌레를 넣고 핸드블렌더로 믹싱해 유화시킨 다음 표면에 랩을 밀착시키고 감싸 냉장고에서 6시간 이상 휴지시킨다.

레몬 크림 Ⓒ CRÈME AU CITRON

레몬 퓌레 80g
8°±2Brix
레몬 제스트 10g
설탕A 55g
달걀 105g
설탕B 55g
젤라틴 매스 28g
버터 160g

1 냄비에 레몬 퓌레, 레몬 제스트, 설탕A를 넣고 끓인다.
2 볼에 달걀, 설탕B를 넣고 거품기로 섞은 다음 ①을 조금씩 나누어 넣고 섞는다.
3 체에 걸러 냄비에 옮긴 뒤 중불에서 실리콘 주걱으로 저어 가며 70~72℃까지 가열한다.
4 젤라틴 매스를 넣고 녹인 후 볼에 옮겨 45℃까지 식힌다.
5 부드러운 상태의 버터를 넣고 핸드블렌더로 믹싱한다.
6 표면에 랩을 밀착시키고 감싸 냉장고에서 12시간 이상 휴지시킨다.

옐로 글라사주 Ⓓ GLAÇAGE JAUNE

물 50g
물엿 100g
설탕 100g
젤라틴 매스 47g
연유 66g
화이트초콜릿 100g
칼리바우트 W2 28%
이산화 타이타늄 4g
노란색 식용 색소 1g
붉은색 식용 색소 약간

1 냄비에 물, 물엿, 설탕을 넣고 105℃까지 끓인다.
2 비커에 남은 재료를 넣고 ①을 부어 핸드블렌더로 매끈한 상태가 될 때까지 믹싱한다.
tip 온도 30℃에서 사용하며, 사용 전 다시 핸드블렌더로 믹싱한다.

마무리 MONTAGE

레몬 제스트 적당량
라임 제스트 적당량

1 A(슈)의 아랫면에 작은 구멍을 낸 다음 부드럽게 풀어 짤주머니에 넣은 B(유자 가나슈)를 15g씩 짜 넣는다.
2 다른 짤주머니에 C(레몬 크림)를 부드럽게 풀어 넣고 ① 안에 가득 짜 넣는다.
3 윗면에 D(옐로 글라사주)를 얇게 입힌 뒤 레몬 제스트, 라임 제스트로 장식한다.

마무리

헤이즐넛파우더 적당량
식용 건조 꽃잎 적당량
식용 금박 적당량

MONTAGE

1 A(슈)의 윗면을 가장자리 1㎝씩을 남기고 잘라 낸다.
2 C(현미 크런치)를 넣고 부드럽게 풀어 짤주머니에 넣은 B(현미 파티시에 크림)를 가득 짜 넣는다.
3 몰드에서 뺀 F(현미 마스카르포네 크림)의 겉면에 I(화이트 스프레이)를 분사하고 ②에 비스퀴가 아래를 향하도록 해 올린다.
4 다른 짤주머니에 중탕으로 녹인 G(현미 가나슈)를 넣고 ③의 가운데에 짠 다음 헤이즐넛파우더를 뿌린다.
5 짤주머니에 H(화이트 글라사주)를 넣고 ④의 윗면에 짠 뒤 식용 건조 꽃잎, 식용 금박으로 장식한다.

CHOUX

BÛCHE FRUIT DE LA PASSION ET GOYAVE

패션프루츠 구아바 뷔슈

상큼한 향과 달콤한 맛을 두루 갖춘 열대 과일 패션프루츠와 구아바를 활용해 만든 블록 슈. 구아바와 패션프루츠는 우리나라에서 쉽게 구할 수 없을 뿐 아니라 생과를 이용했을 때 균일한 맛을 내기 어려우므로 시판용 퓌레를 사용하는 것이 효율적이다.

5㎝ 크기의 큐브 모양 슈 7개

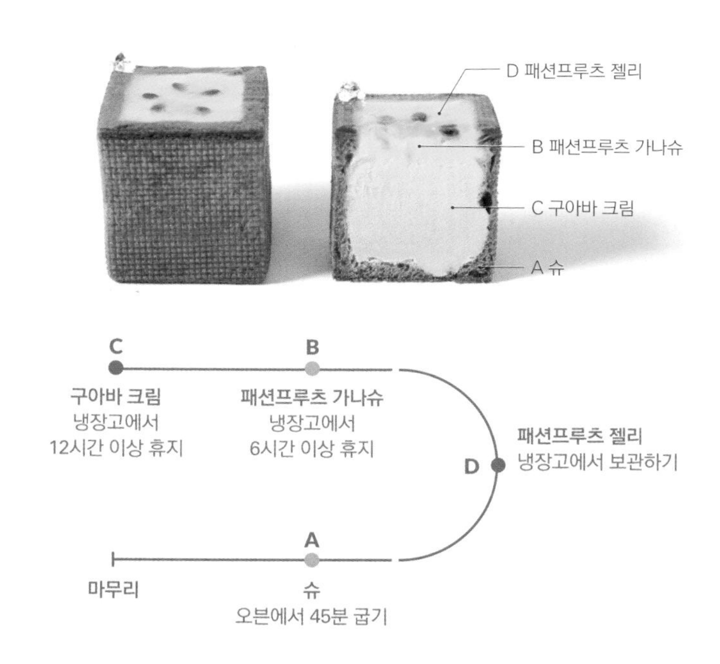

슈  CHOUX

- 물 50g
- 우유 50g
- 버터 44g
- 소금 2g
- 설탕 2g
- 중력분 55g
- 달걀 98g

1 냄비에 물, 우유, 버터, 소금, 설탕을 넣고 중불에서 버터가 녹을 때까지 끓인다.
2 불에서 내려 체 친 중력분을 넣고 섞는다.
3 다시 불에 올려 약불에서 빠르게 섞어 가며 호화시킨다.
4 불에서 내려 믹서볼에 옮긴 다음 비터로 60℃가 될 때까지 믹싱한다.
5 푼 달걀을 조금씩 나누어 넣으며 믹싱한다.
6 지름 1㎝ 크기의 원형 깍지를 낀 짤주머니에 넣고 5㎝ 크기의 큐브 모양 틀에 1/4 높이까지 짜 넣는다.
tip 틀 안쪽에 틀 크기에 맞게 자른 타공 매트를 둘러 준비한다.
7 윗면에 타공 매트를 덮은 뒤 철팬을 올리고 170℃ 오븐에서 45분 동안 굽는다.

패션프루츠 가나슈 B GANACHE FRUIT DE LA PASSION

- 생크림 62g
- 화이트초콜릿 187g
  발로나 오팔리스 33%
- 버터 30g
- 패션프루츠 퓌레 75g
  13°±2Brix

1 냄비에 생크림을 넣고 80℃까지 가열한다.
2 화이트초콜릿에 붓고 고루 섞은 다음 버터를 넣고 유화시킨다.
3 패션프루츠 퓌레를 넣고 핸드블렌더로 믹싱한 뒤 표면에 랩을 밀착시키고 감싸 냉장고에서 6시간 이상 휴지시킨다.

구아바 크림  CRÈME DE GOYAVE

- 구아바 퓌레 80g
  8°±2Brix
- 설탕A 30g
- 달걀 105g
- 설탕B 30g
- 젤라틴 매스 28g
- 버터 160g

1 냄비에 구아바 퓌레, 설탕A를 넣고 끓인다.
2 볼에 달걀, 설탕B를 넣고 거품기로 섞은 다음 ①을 조금씩 나누어 넣고 섞는다.
3 체에 걸러 냄비에 옮긴 뒤 중불에서 실리콘 주걱으로 저어 가며 70~72℃까지 가열한다.
4 젤라틴 매스를 넣고 녹인 후 볼에 옮겨 45℃까지 식힌다.
5 부드러운 상태의 버터를 넣고 핸드블렌더로 믹싱한다.
6 표면에 랩을 밀착시키고 감싸 냉장고에서 12시간 이상 휴지시킨다.

패션프루츠 젤리 (D) GELÉE DE FRUIT DE LA PASSION

미루아르 50g
패션프루츠 과육 25g

1 볼에 미루아르를 넣고 부드럽게 푼 다음 패션프루츠 과육을 넣고 고루 섞어 냉장고에서 보관한다.
tip 미루아르는 펙틴, 물, 설탕을 주재료로 만들어진 광택제로 살구 향을 첨가한 제품이나 무색무취의 뉴트럴 글레이즈 등 다양한 종류가 있다.
tip 패션프루츠 과육은 패션프루츠를 반으로 갈라 씨와 함께 긁은 것을 사용한다.

마무리 MONTAGE

식용 은박 적당량

1 A(슈)의 윗면을 가장자리 0.5㎝씩을 남기고 잘라 낸다.
2 짤주머니에 부드럽게 푼 C(구아바 크림)를 넣고 ① 안에 80%까지 짜 넣는다.
3 다른 짤주머니에 부드럽게 푼 B(패션프루츠 가나슈)를 넣고 ②에 가득 짜 넣는다.
4 윗면에 D(패션프루츠 젤리)를 스패튤러로 얇게 바른 다음 식용 은박으로 장식한다.

밤 에클레르

에클레르 모양 틀을 이용해 색다른 분위기의 블록 슈를 만들었다. 슈 안에 파티시에 크림과 소프트 밤 크림을 가득 채우고 윗면에는 밤 리큐르로 농후한 향을 낸 묵직한 텍스처의 밤 크림을 올려 맛과 식감의 그라데이션을 느낄 수 있다.

14.5×3.5㎝ 크기의 에클레르 모양 슈 8개

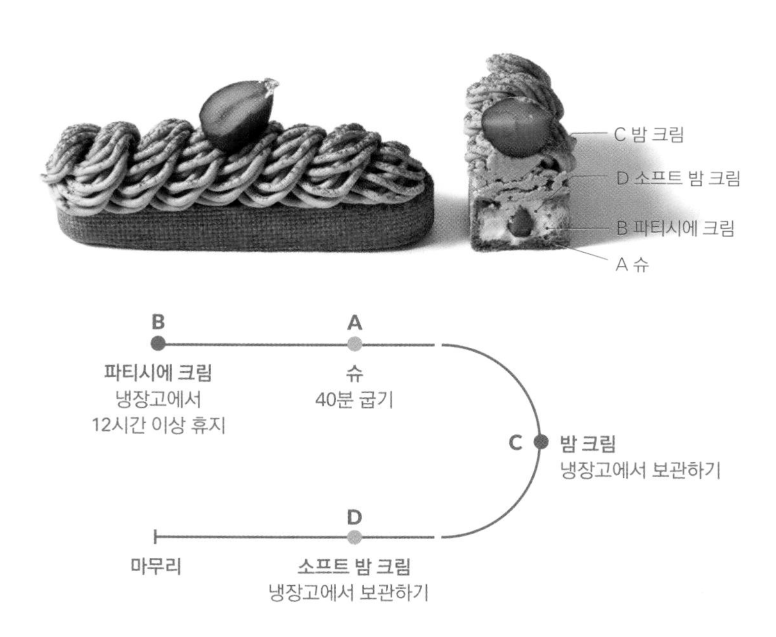

슈 Ⓐ CHOUX

물 50g
우유 50g
버터 44g
소금 2g
설탕 2g
중력분 55g
달걀 98g

1 냄비에 물, 우유, 버터, 소금, 설탕을 넣고 중불에서 버터가 녹을 때까지 끓인다.
2 불에서 내려 체 친 중력분을 넣고 섞는다.
3 다시 불에 올려 약불에서 빠르게 섞어 가며 호화시킨다.
4 불에서 내려 믹서볼에 옮긴 다음 비터로 60℃가 될 때까지 믹싱한다.
5 푼 달걀을 조금씩 나누어 넣으며 믹싱한다.
6 지름 1㎝ 크기의 원형 깍지를 낀 짤주머니에 반죽을 넣고 14.5×3.5㎝ 크기의 에클레르 모양 틀에 1/4 높이까지 짜 넣는다.
tip 틀 안쪽에 틀 크기에 맞게 자른 타공 매트를 둘러 준비한다.
7 윗면에 타공 매트를 덮은 뒤 철팬을 올리고 170℃ 오븐에서 40분 동안 굽는다.

파티시에 크림 Ⓑ CRÈME PÂTISSIÈRE

우유 240g
설탕A 25g
바닐라 빈 1/2개
노른자 30g
설탕B 25g
옥수수 전분 12g
젤라틴 매스 14g
버터 80g

1 냄비에 우유, 설탕A, 바닐라 빈의 씨와 깍지를 넣고 끓기 직전까지 가열한다.
2 볼에 노른자, 설탕B, 옥수수 전분을 넣고 섞는다.
3 ①을 조금씩 나누어 넣으면서 섞는다.
4 체에 걸러 다시 냄비에 옮긴 다음 중불에서 거품기로 섞어 가며 호화시킨다.
5 불에서 내려 젤라틴 매스를 넣고 녹인다.
6 볼에 옮겨 45℃까지 식힌 뒤 부드러운 상태의 버터를 넣고 핸드블렌더로 믹싱한다.
7 표면에 랩을 밀착시키고 감싸 냉장고에서 12시간 이상 휴지시킨다.

밤 크림 Ⓒ CRÈME DE MARRONS

밤 페이스트 300g
버터 115g
바닐라 빈 1/2개
밤 리큐르 21g
디종 샤텐느

1 믹서볼에 밤 페이스트를 넣고 비터로 부드러운 상태가 될 때까지 믹싱한다.
2 부드러운 상태의 버터, 바닐라 빈의 씨, 밤 리큐르를 넣고 믹싱한다.
3 표면에 랩을 밀착시키고 감싸 냉장고에서 보관한다.

소프트 밤 크림 Ⓓ CRÈME DE MARRON DOUX

생크림 240g
젤라틴 매스 24g
밤 페이스트 100g
C(밤 크림) 100g

1 냄비에 생크림을 넣고 80℃까지 데운 다음 불에서 내려 젤라틴 매스를 넣고 녹인다.
2 얼음물을 받쳐 45℃까지 식힌 뒤 밤 페이스트와 C(밤 크림)를 함께 넣은 볼에 붓고 핸드블렌더로 믹싱한다.
3 표면에 랩을 밀착시키고 감싸 냉장고에서 보관한다.

마무리 MONTAGE

보늬밤 적당량
코코아파우더 적당량
식용 금박 적당량

1 A(슈)의 윗면을 가장자리 0.5㎝씩을 남기고 잘라 낸다.
2 짤주머니에 부드럽게 푼 B(파티시에 크림)를 넣고 ①에 1/2 높이까지 짜 넣는다.
3 작게 썬 보늬밤을 고루 올리고 부드럽게 풀어 다른 짤주머니에 넣은 D(소프트 밤 크림)를 가득 짜 넣는다.
4 몽블랑 모양깍지를 낀 또 다른 짤주머니에 부드럽게 푼 C(밤 크림)를 넣고 윗면에 회오리 모양으로 돌려 가며 짠다.
5 코코아파우더를 뿌리고 작게 자른 보늬밤, 식용 금박으로 장식한다.

CHOUX

LEI RIZ COMPLET ET YUJA

현미 유자 레이

하와이에서 환영의 인사로 방문객들에게 걸어 주는 꽃 목걸이 '레이'를 연상시키는 슈 디저트다. 타르트 틀에 슈 반죽을 넣고 구워 응용한 것이 포인트. 이렇게 하면 무스, 크림 등의 다른 구성물을 받쳐 주는 바닥 역할을 하면서 맛과 식감은 보다 부드럽게 표현할 수 있는 장점이 있다.

지름 9㎝ 크기의 원형 타르트 모양 슈 6개

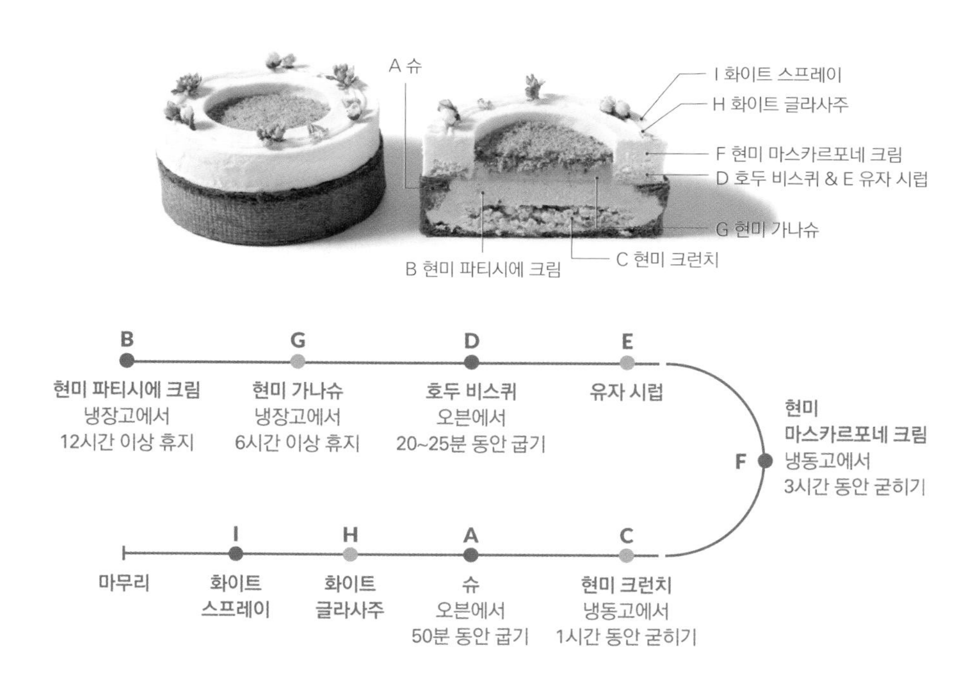

슈 Ⓐ CHOUX

물 50g
우유 50g
버터 44g
소금 2g
설탕 2g
중력분 55g
달걀 98g

1 냄비에 물, 우유, 버터, 소금, 설탕을 넣고 중불에서 버터가 녹을 때까지 끓인다.
2 불에서 내려 체 친 중력분을 넣고 섞는다.
3 다시 불에 올려 약불에서 빠르게 섞어 가며 호화시킨다.
4 불에서 내려 믹서볼에 옮긴 다음 비터로 60℃가 될 때까지 믹싱한다.
5 푼 달걀을 조금씩 나누어 넣으며 믹싱한다.
6 지름 1㎝ 크기의 원형 깍지를 낀 짤주머니에 반죽을 넣고 지름 9㎝ 크기의 원형 타르트 틀에 1/4 높이까지 짜 넣는다.
tip 틀 안쪽에 틀 크기에 맞게 자른 타공 매트를 둘러 준비한다.
7 윗면에 타공 매트를 덮은 뒤 철판을 올리고 170℃ 오븐에서 50분 동안 굽는다.

현미 파티시에 크림 Ⓑ CRÈME PÂTISSIÈRE RIZ COMPLET

현미 우유 240g
설탕A 9g
바닐라 빈 1/2개
노른자 30g
설탕B 9g
옥수수 전분 12g
젤라틴 매스 14g
버터 80g

1 냄비에 현미 우유, 설탕A, 바닐라 빈의 씨와 깍지를 넣고 끓기 직전까지 가열한다.
2 볼에 노른자, 설탕B, 옥수수 전분을 넣고 섞는다.
3 ①을 조금씩 나누어 넣으면서 섞는다.
4 체에 걸러 다시 냄비에 옮긴 다음 중불에서 거품기로 섞어 가며 호화시킨다.
5 불에서 내려 젤라틴 매스를 넣고 녹인다.
6 볼에 옮겨 45℃까지 식힌 뒤 부드러운 상태의 버터를 넣고 핸드블렌더로 믹싱한다.
7 표면에 랩을 밀착시키고 감싸 냉장고에서 12시간 이상 휴지시킨다.

현미 크런치 Ⓒ CROUSTILLANT RIZ COMPLET

화이트초콜릿 20g
칼리바우트 W2 28%
화이트코팅초콜릿 20g
카카오바리 파타글라세 아이보리
볶은 현미 120g

1 볼에 화이트초콜릿, 화이트코팅초콜릿을 넣고 녹인 다음 볶은 현미를 넣고 고루 섞는다.
2 유산지에 펼쳐 붓고 윗면에 유산지를 1장 덮은 뒤 밀대를 사용해 0.3㎝ 두께로 밀어 편다.
3 냉동고에서 1시간 동안 굳힌 후 지름 7㎝ 크기의 원형 커터로 찍어 자른다.

호두 비스퀴 Ⓓ BISCUIT AUX NOIX

노른자 105g
설탕A 26g
흰자 105g
설탕B 70g
박력분 35g
감자 전분 35g
호두 44g

1 볼에 노른자, 설탕A를 넣고 핸드믹서로 뽀얗게 될 때까지 휘핑한다.
2 믹서볼에 흰자를 넣고 휘핑하다가 설탕B를 2~3회에 걸쳐 나누어 넣어 가며 휘핑해 머랭을 만든다.
3 ①에 ②를 2~3회에 걸쳐 나누어 넣어 가며 실리콘 주걱으로 섞는다.
4 함께 체 친 박력분, 감자 전분을 넣고 섞는다.
tip 감자 전분을 사용하면 탄력과 밀도가 높은 비스퀴를 만들 수 있다.
5 19.5㎝ 크기의 정사각형 케이크 팬에 넣고 스패튤러로 윗면을 평평하게 정리한 다음 작게 자른 호두를 뿌린다.
6 170℃ 오븐에서 20~25분 동안 굽고 완전히 식힌다.
7 1㎝ 높이로 자른 뒤 지름 2㎝, 9㎝ 원형 커터를 사용해 링 모양으로 자른다.

유자 시럽 Ⓔ SIROP DE YUJA

유자 퓌레 300g
8~9°Brix
설탕 600g

1 냄비에 모든 재료를 넣고 끓인다.

현미 마스카르포네 크림 Ⓕ CRÈME RIZ COMPLET ET MASCARPONE

생크림 92g
현미 우유 108g
노른자 42g
설탕 20g
젤라틴 매스 23g
마스카르포네 200g

1 냄비에 생크림, 현미 우유를 넣고 끓기 직전까지 가열한다.
2 볼에 노른자, 설탕을 넣고 섞은 다음 ①을 조금씩 넣어 가며 섞는다.
3 다시 냄비로 옮긴 뒤 실리콘 주걱으로 저어 가며 83℃까지 가열한다.
4 젤라틴 매스를 넣고 녹인 후 체에 걸러 볼에 옮기고 마스카르포네를 넣어 핸드블렌더로 믹싱한다.
5 지름 9㎝ 크기의 링 모양 실리콘 몰드(Silikomart KIT THE RING 65)에 1/2 높이까지 넣는다.
6 D(호두 비스퀴)에 E(유자 시럽)를 적셔 ⑤에 올리고 윗면을 평평하게 정리해 냉동고에서 3시간 동안 굳힌다.

현미 가나슈 (G) GANACHE RIZ COMPLET

생크림 45g
현미 우유 45g
블론드초콜릿 112g
칼리바우트 골드 30.4%

1 냄비에 생크림, 현미 우유를 넣고 80℃까지 가열한다.
2 블론드초콜릿에 붓고 핸드블렌더로 믹싱해 유화시킨 다음 표면에 랩을 밀착시키고 감싸 냉장고에서 6시간 이상 휴지시킨다.

화이트 글라사주 (H) GLAÇAGE BLANC

물 25g
물엿 50g
설탕 50g
젤라틴 매스 23g
연유 33g
화이트초콜릿 50g
칼리바우트 W2 28%
이산화 타이타늄 1g

1 냄비에 물, 물엿, 설탕을 넣고 105℃까지 끓인다.
2 비커에 남은 재료를 넣고 ①을 부어 핸드블렌더로 매끈한 상태가 될 때까지 믹싱한다.
tip 온도 30℃에서 사용하며 사용 전 다시 핸드블렌더로 믹싱한다.

화이트 스프레이 (I) SPRAY BLANC

화이트초콜릿 50g
칼리바우트 W2 28%
카카오버터 50g
이산화 타이타늄 1g

1 비커에 화이트초콜릿, 카카오버터를 넣고 중탕으로 녹인다.
2 이산화 타이타늄을 넣고 섞는다.
3 온도를 40~45℃로 맞춘다.

CHOUX

SAINT-HONORÉ AU CARAMEL

캐러멜 생토노레

독특한 비주얼과 섬세한 맛, 이 두 가지 토끼를 모두 잡은 '캐러멜 생토노레'는 슈 안에 부드러운 캐러멜 크레뫼를 넣고 그 위에 소프트 캐러멜을 한 번 더 얹어 캐러멜 맛을 극대화시켰다. 여기에 캐러멜 맛 밀크초콜릿으로 만든 가나슈 몽테를 올려 입 안 가득 고급스러운 캐러멜 풍미를 즐길 수 있다.

12×5×2㎝ 크기의 아몬드 모양 슈 4개

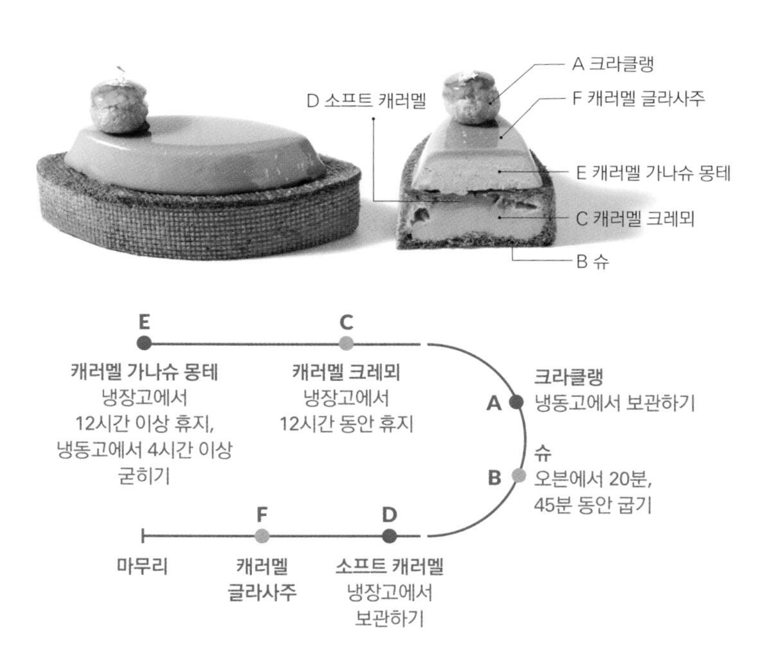

크라클랭 Ⓐ CRAQUELIN

버터 50g
설탕 62g
박력분 40g
아몬드파우더 22g

1 믹서볼에 버터, 설탕을 넣고 비터로 믹싱한다.
2 함께 체 친 박력분, 아몬드파우더를 넣고 한 덩어리가 될 때까지 믹싱한다.
3 0.2㎝ 두께로 밀어 편 다음 지름 1.5㎝ 크기의 원형 커터로 찍어 자르고 냉동고에서 보관한다.

슈 Ⓑ CHOUX

물 50g
우유 50g
버터 44g
소금 2g
설탕 2g
중력분 55g
달걀 98g

1 냄비에 물, 우유, 버터, 소금, 설탕을 넣고 중불에서 버터가 녹을 때까지 끓인다.
2 불에서 내려 체 친 중력분을 넣고 섞는다.
3 다시 불에 올려 약불에서 빠르게 섞어 가며 호화시킨다.
4 불에서 내려 믹서볼에 옮긴 다음 비터로 60℃가 될 때까지 믹싱한다.
5 푼 달걀을 조금씩 나누어 넣으며 믹싱한다.
6 지름 1㎝ 크기의 원형 깍지를 낀 짤주머니에 반죽을 넣고 12×5×2㎝ 크기의 아몬드 모양 타르트 틀에 1/4 높이까지 짜 넣는다.
tip 틀 안쪽에 틀 크기에 맞게 자른 타공 매트를 둘러 준비한다.
7 윗면에 타공 매트를 덮은 뒤 철팬을 올리고 170℃ 오븐에서 45분 동안 굽는다.
8 철팬에 ⑥에서 남은 반죽을 지름 1㎝ 크기의 원형으로 짠다.
9 윗면에 A(크라클랭)를 올리고 170℃ 오븐에서 20분 동안 굽는다.

캐러멜 크레뫼 Ⓒ CRÉMEUX AU CARAMEL

우유 275g
바닐라 빈 1/2개
설탕A 95g
노른자 45g
설탕B 15g
소금 1.5g
옥수수 전분 20g
젤라틴 매스 18g
버터 178g

1 냄비에 우유, 바닐라 빈의 씨와 깍지를 넣고 80℃로 데운다.
2 다른 냄비에 설탕A를 조금씩 나누어 넣으며 가열해 캐러멜을 만든다.
3 ①을 붓고 섞는다.
4 볼에 노른자, 설탕B, 소금, 옥수수 전분을 넣고 섞은 다음 ③을 조금씩 나누어 넣고 섞는다.
5 체에 걸러 냄비에 옮긴 뒤 다시 불에 올려 저어 가며 호화시킨다.
6 불에서 내려 젤라틴 매스를 넣고 녹인다.
7 볼에 옮겨 45℃까지 식힌 후 부드러운 상태의 버터를 넣고 핸드블렌더로 믹싱한다.
8 표면에 랩을 밀착시키고 감싸 냉장고에서 12시간 이상 휴지시킨다.

소프트 캐러멜 Ⓓ CARAMEL DOUX

생크림 100g
바닐라 빈 1/4개
소금 1g
설탕 100g
버터 78g

1 냄비에 생크림, 바닐라 빈의 씨와 깍지, 소금을 넣고 80℃로 데운다.
2 다른 냄비에 설탕을 넣고 조금씩 나누어 넣으면서 가열해 캐러멜을 만든다.
3 ①을 조금씩 나누어 넣으며 섞은 다음 108℃까지 끓인다.
4 체에 걸러 볼에 옮긴 뒤 50℃까지 식히고 부드러운 상태의 버터를 넣어 핸드블렌더로 믹싱한다.
5 표면에 랩을 밀착시키고 감싸 냉장고에서 보관한다.

캐러멜 가나슈 몽테 Ⓔ GANACHE MONTÉE AU CARAMEL

생크림 250g
젤라틴 매스 7g
밀크초콜릿 100g
발로나 카라멜리아 36%

1 냄비에 생크림을 넣고 80℃까지 가열한다.
2 젤라틴 매스를 넣고 녹인 다음 밀크초콜릿에 붓고 고루 섞는다.
3 핸드블렌더로 믹싱해 유화시킨 뒤 얼음물을 받쳐 40℃까지 식힌다.
4 표면에 랩을 밀착시키고 감싸 냉장고에서 12시간 이상 휴지시킨다.
4 70%까지 휘핑한 후 10×4×1.5㎝ 크기의 아몬드 모양 실리콘 몰드(Silikomart SF039)에 넣고 냉동고에서 4시간 이상 굳힌다.

캐러멜 글라사주 Ⓕ GLAÇAGE AU CARAMEL

물 50g
물엿 100g
설탕 100g
젤라틴 매스 47g
연유 66g
밀크초콜릿 100g
발로나 카라멜리아 36%

1 냄비에 물, 물엿, 설탕을 넣고 105℃까지 끓인다.
2 비커에 남은 재료를 넣고 ①을 부어 핸드블렌더로 매끈한 상태가 될 때까지 믹싱한다.
tip 온도 30℃에서 사용하며, 사용 전 다시 핸드블렌더로 믹싱한다.

마무리 MONTAGE

식용 금박 적당량
식용 금분 적당량

1 아몬드 모양 B(슈)의 윗면을 가장자리 1㎝씩을 남기고 잘라 낸다.
2 짤주머니에 부드럽게 푼 C(캐러멜 크레뫼)를 넣고 ① 안에 90%까지 짜 넣은 다음 부드럽게 풀어 다른 짤주머니에 넣은 D(소프트 캐러멜)를 가득 짜 넣는다.
3 몰드에서 뺀 E(캐러멜 가나슈 몽테)의 겉면에 F(캐러멜 글라사주)를 입힌 뒤 ②의 윗면에 올린다.
4 원형의 B(슈)의 윗면에 캐러멜(분량 외)을 입혀 ③에 올리고 식용 금박, 식용 금분으로 장식한다.

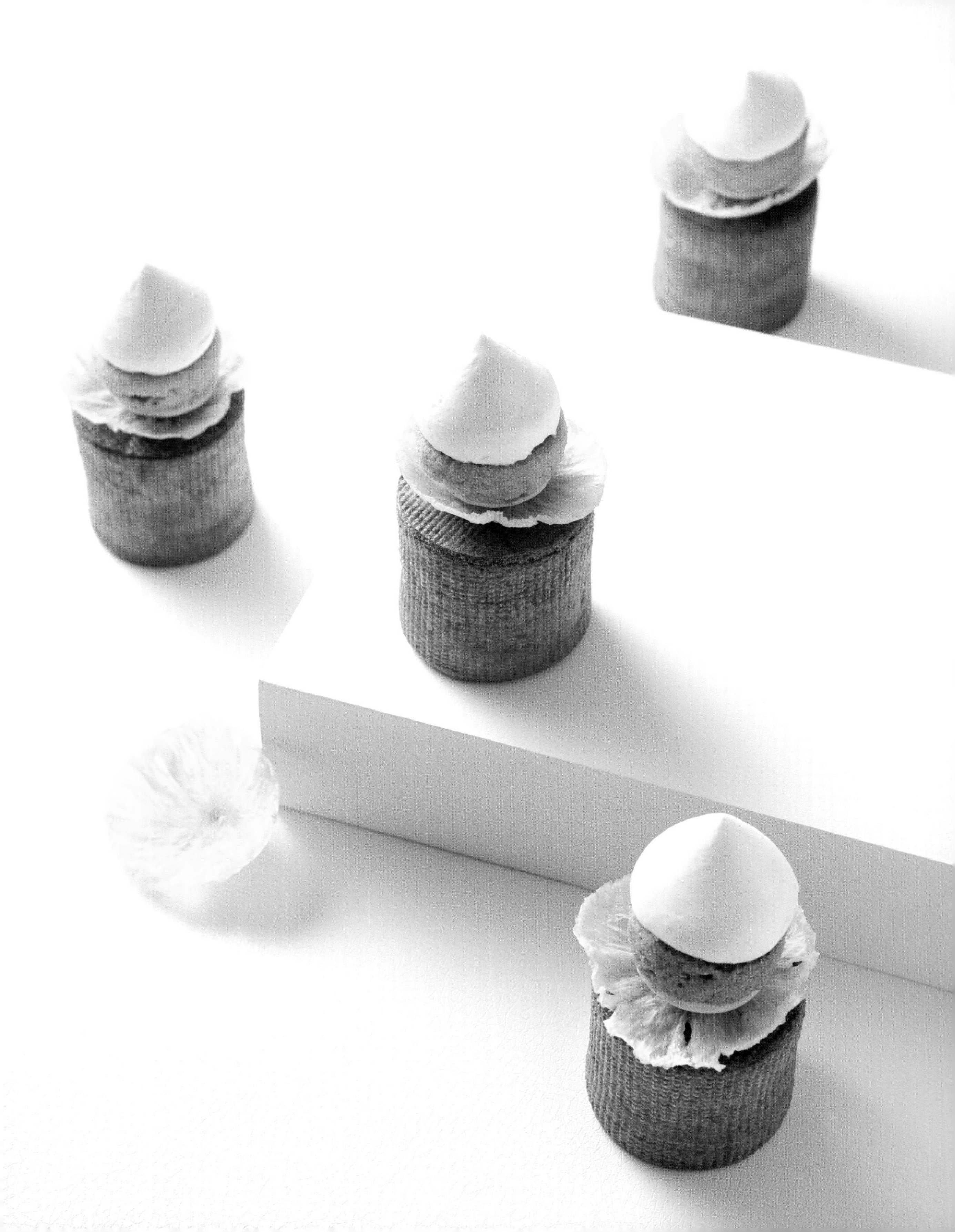

CHOUX

RELIGIEUSES ANANAS ET FROMAGE BLANC

파인애플 프로마주 블랑 를리지외즈

원통 모양의 슈 위에 앙증맞은 슈를 올려 새로운 형태의 를리지외즈를 완성했다. 두 가지 슈 사이에 프릴 모양의 건조 파인애플 슬라이스를 장식해 한층 화사하다. 슈 안쪽에는 프로마주 블랑으로 만든 묵직한 파인애플 크림과 콩포트를, 슈 윗면에는 가벼운 텍스처의 샹티이 크림을 올려 식감을 달리했다.

지름 5㎝, 높이 4.5㎝ 크기의 원통 모양 슈 6개

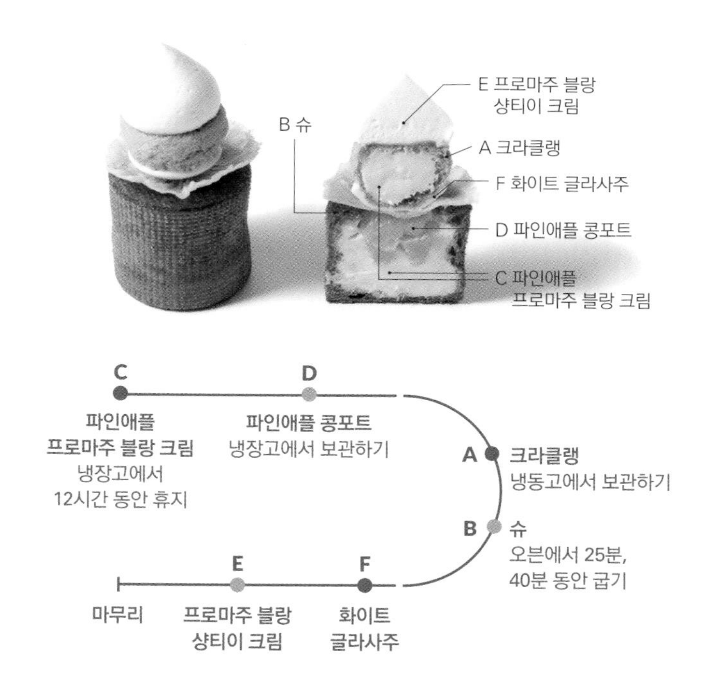

크라클랭 Ⓐ CRAQUELIN

버터 50g
설탕 62g
박력분 40g
아몬드파우더 22g

1 믹서볼에 버터, 설탕을 넣고 비터로 믹싱한다.
2 함께 체 친 박력분, 아몬드파우더를 넣고 한 덩어리가 될 때까지 믹싱한다.
3 0.2㎝ 두께로 밀어 편 다음 지름 2㎝ 크기의 원형 커터로 찍어 자르고 냉동고에서 보관한다.

슈 Ⓑ CHOUX

물 50g
우유 50g
버터 44g
소금 2g
설탕 2g
중력분 55g
달걀 98g

1 냄비에 물, 우유, 버터, 소금, 설탕을 넣고 중불에서 버터가 녹을 때까지 끓인다.
2 불에서 내려 체 친 중력분을 넣고 섞는다.
3 다시 불에 올려 약불에서 빠르게 섞어 가며 호화시킨다.
4 불에서 내려 믹서볼에 옮긴 다음 비터로 60℃가 될 때까지 믹싱한다.
5 푼 달걀을 조금씩 나누어 넣으며 믹싱한다.
6 지름 1㎝ 크기의 원형 깍지를 낀 짤주머니에 반죽을 넣고 지름 5㎝, 높이 4.5㎝ 크기의 원통 모양 틀 안에 1/4 높이까지 짜 넣는다.
tip 틀 안쪽에 틀 크기에 맞게 자른 타공 매트를 둘러 준비한다.
7 윗면에 타공 매트를 덮은 뒤 철팬을 올리고 170℃ 오븐에서 40분 동안 굽는다.
8 ⑥에서 남은 반죽을 원형 깍지를 낀 짤주머니에 넣고 철팬에 지름 1.5㎝ 크기의 원형으로 짠다.
9 윗면에 A(크라클랭)를 올리고 170℃ 오븐에서 25분 동안 굽는다.

파인애플 프로마주 블랑 크림 Ⓒ CRÈME ANANAS ET FROMAGE BLANC

파인애플 퓌레 80g
14°±2Brix
설탕A 30g
달걀 100g
설탕B 30g
젤라틴 매스 28g
프로마주 블랑 160g

1 냄비에 파인애플 퓌레, 설탕A를 넣고 끓인다.
2 볼에 달걀, 설탕B를 넣고 거품기로 섞은 다음 ①을 조금씩 나누어 넣고 섞는다.
3 체에 걸러 냄비에 옮긴 뒤 중불에서 실리콘 주걱으로 저어 가며 73~75℃까지 가열한다.
4 젤라틴 매스를 넣고 녹인 후 볼에 옮겨 45℃까지 식힌다.
5 부드러운 상태의 프로마주 블랑을 넣고 핸드블렌더로 믹싱한다.
6 표면에 랩을 밀착시키고 감싸 냉장고에서 12시간 이상 휴지시킨다.

파인애플 콩포트 Ⓓ COMPOTE D'ANANAS

파인애플 200g
설탕 20g
파인애플 럼 15g
모나크 파인애플 럼

1 냄비에 파인애플, 설탕을 넣고 중불에서 가열하다가 물이 나오기 시작하면 강불에서 빠르게 조린다.
tip 파인애플은 껍질을 잘라 낸 다음 1.5㎝ 크기의 큐브 모양으로 자른 것을 사용한다.
2 불에서 내려 파인애플 럼을 넣고 섞은 뒤 잠시 식혀 밀폐 용기에 넣고 냉장고에서 보관한다.

프로마주 블랑 샹티이 크림 Ⓔ CRÈME CHANTILLY AU FROMAGE BLANC

생크림 200g
프로마주 블랑 50g
슈거파우더 30g

1 믹서볼에 모든 재료를 넣고 80%까지 휘핑한다.
tip 휘핑 후 바로 사용하지 않으면 크림이 분리돼 질감이 거칠어지므로 바로 사용한다.

화이트 글라사주 Ⓕ GLAÇAGE BLANC

생크림 125g
물엿 50g
젤라틴 매스 35g
화이트초콜릿 160g
칼리바우트 W2 28% ↩
화이트코팅초콜릿 150g
카카오바리 파타글라세 아이보리 ↩
이산화 타이타늄 5g

1 냄비에 생크림, 물엿을 넣고 끓기 직전까지 가열한다.
2 젤라틴 매스를 넣고 녹인다.
3 비커에 화이트초콜릿, 화이트코팅초콜릿을 함께 넣은 뒤 ②를 붓고 섞는다.
4 이산화 타이타늄을 넣고 핸드블렌더로 믹싱한다.
tip 온도 28~30℃에서 사용하며 사용 전 다시 핸드블렌더로 믹싱한다.

마무리 MONTAGE

건조 파인애플 슬라이스 적당량

1 원통 모양 B(슈)의 윗면을 가장자리 0.5㎝씩을 남기고 잘라 낸다.
2 짤주머니에 부드럽게 푼 C(파인애플 프로마주 블랑 크림)를 넣고 ① 안에 70%까지 짜 넣은 다음 D(파인애플 콩포트)를 채운다.
3 원형의 B(슈) 아랫면에 구멍을 낸 다음 남은 C(파인애플 프로마주 블랑 크림)를 짜 넣고 윗면에 F(화이트 글라사주)를 입힌다.
4 ②의 윗면에 건조 파인애플 슬라이스를 올리고 ③을 뒤집어 올린다.
tip 건조 파인애플 슬라이스는 실리콘 매트에 얇게 슬라이스한 파인애플을 올려 90℃ 오븐에서 1시간 30분 동안 건조시켜 만든다. 과육에 유연성이 남아 있을 때 반구 모양 실리콘 몰드에 넣어 완전히 건조시키면 자연스러운 곡선을 만들 수 있다.
5 지름 2㎝ 크기의 원형 깍지를 낀 다른 짤주머니에 E(프로마주 블랑 샹티이 크림)를 넣고 ④의 원형 슈 위에 물방울 모양으로 짠다.

CHOUX

FLEUR DE POMME ET SUJEONG-GWA

사과 수정과 플뢰르

타르트 모양으로 구운 슈 안에 크림을 채우고 무스와 가나슈 몽테를 올렸다. 파티시에 크림에 일반 설탕 대신 흑설탕을 사용해 더욱 진하고 깊은 단맛을 낸 것이 포인트. 여기에 더한 향긋한 사과 콩포트는 생강과 계피의 향을 부드럽게 중화시키며 전체적인 맛을 조화롭게 만든다.

지름 9㎝ 크기의 원형 타르트 모양 슈 6개

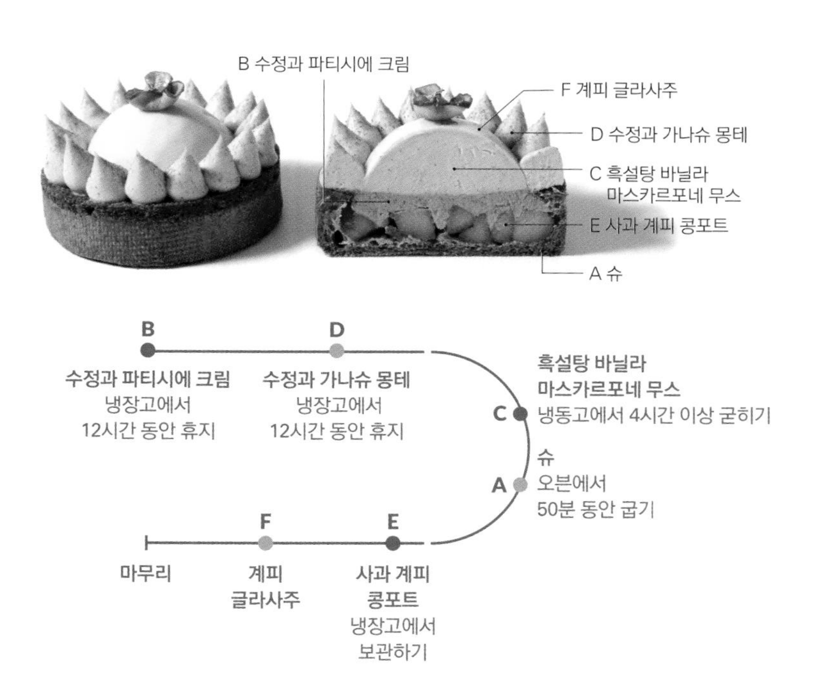

슈 Ⓐ CHOUX

물 50g
우유 50g
버터 44g
소금 2g
설탕 2g
중력분 55g
달걀 98g

1 냄비에 물, 우유, 버터, 소금, 설탕을 넣고 중불에서 버터가 녹을 때까지 끓인다.
2 불에서 내려 체 친 중력분을 넣고 섞는다.
3 다시 불에 올려 약불에서 빠르게 섞어 가며 호화시킨다.
4 불에서 내려 믹서볼에 옮긴 다음 비터로 60℃가 될 때까지 믹싱한다.
5 푼 달걀을 조금씩 나누어 넣으며 믹싱한다.
6 지름 1㎝ 크기의 원형 깍지를 낀 짤주머니에 반죽을 넣고 지름 9㎝ 크기의 원형 타르트 틀 안에 1/4 높이까지 짜 넣는다.
tip 틀 안쪽에 틀 크기에 맞게 자른 타공 매트를 둘러 준비한다.
7 윗면에 타공 매트를 덮은 뒤 철팬을 올리고 170℃ 오븐에서 50분 동안 굽는다.

수정과 파티시에 크림 Ⓑ CRÈME PÂTISSIÈRE SUJEONGGWA

우유 250g
흑설탕A 25g
생강 10g
시나몬 스틱 5g
노른자 30g
흑설탕B 25g
옥수수 전분 12g
젤라틴 매스 14g
버터 80g

1 냄비에 우유, 흑설탕A, 얇게 저민 생강, 시나몬 스틱을 넣고 끓기 직전까지 가열한 다음 불에서 내려 20분 동안 향을 우린다.
tip 계피는 보통 카시아 계피 스틱을 사용하는데 강한 계피 향이 부담스럽다면 실론 계피를 사용해 더 부드러운 향을 낼 수 있다.
2 볼에 노른자, 흑설탕B, 옥수수 전분을 넣고 섞는다.
3 ①을 조금씩 나누어 넣으면서 섞는다.
4 체에 걸러 다시 냄비에 옮긴 다음 중불에서 거품기로 섞어 가며 호화시킨다.
5 불에서 내려 젤라틴 매스를 넣고 녹인다.
6 볼에 옮겨 45℃까지 식힌 뒤 부드러운 상태의 버터를 넣고 핸드블렌더로 믹싱한다.
tip 버터를 넣을 때 기호에 따라 생강가루, 계핏가루 등을 추가로 넣어 맛을 내도 좋다.
7 표면에 랩을 밀착시키고 감싸 냉장고에서 12시간 이상 휴지시킨다.

흑설탕 바닐라 마스카르포네 무스 Ⓒ CRÈME SUCRE BRUN VANILLE MASCARPONE

생크림 400g
흑설탕A 40g
바닐라 빈 1/2개
노른자 83g
흑설탕B 40g
젤라틴 매스 45g
마스카르포네 400g

1 냄비에 생크림, 흑설탕A, 바닐라 빈의 씨와 깍지를 넣고 80℃까지 가열한다.
2 볼에 노른자, 흑설탕B를 넣고 섞은 다음 ①을 조금씩 나누어 넣고 섞는다.
3 체에 걸러 냄비에 옮긴 뒤 실리콘 주걱으로 저어 가며 83℃까지 가열한다.
4 불에서 내려 젤라틴 매스를 넣고 녹인다.
5 볼에 옮겨 60℃까지 식힌 후 마스카르포네를 넣고 핸드블렌더로 믹싱한다.
6 지름 6㎝ 크기의 반구 모양 실리콘 몰드(Silikomart SF003)에 넣고 냉동고에서 4시간 이상 굳힌다.

수정과 가나슈 몽테 Ⓓ GANACHE MONTÉE SUJEONGGWA

생크림 250g
젤라틴 매스 7g
골드초콜릿100g
칼리바우트 골드 30.4%
생강가루 1g
계핏가루 1g

1 냄비에 생크림을 넣고 80℃까지 가열한다.
2 젤라틴 매스를 넣고 녹인 다음 골드초콜릿에 붓고 고루 섞는다.
3 생강가루, 계핏가루를 넣고 핸드블렌더로 믹싱해 유화시킨 뒤 얼음물을 받쳐 40℃까지 식힌다.
4 표면에 랩을 밀착시키고 감싸 냉장고에서 12시간 이상 휴지시킨다.

사과 계피 콩포트 Ⓔ COMPOTE DE POMMES À LA CANNELLE

사과(약 300g) 1개
흑설탕 15g
바닐라 빈 1/2개
시나몬 스틱 1개
계핏가루 1g

1 냄비에 사과, 흑설탕, 바닐라 빈의 씨와 깍지, 시나몬 스틱을 넣고 조린다.
tip 사과는 1㎝ 크기의 큐브 모양으로 잘라 준비한다.
tip 처음에는 중불에서 가열하고 수분이 나오기 시작하면 강불에서 빠르게 수분을 날려야 아삭한 식감을 살릴 수 있다.
2 불에서 내려 계핏가루를 넣고 고루 섞는다.
tip 계핏가루를 처음부터 넣고 조리면 계핏가루가 타 쓴맛이 남을 수 있다. 따라서 마지막에 가루가 뭉치지 않도록 흩뿌려 넣고 고루 섞어 마무리한다.
3 밀폐 용기에 넣고 냉장고에 보관한다.

계피 글라사주 Ⓕ GLAÇAGE À LA CANNELLE

물 50g
물엿 100g
설탕 100g
젤라틴 매스 47g
연유 66g
골드초콜릿 100g
칼리바우트 골드 30.4%
계핏가루 1g

1 냄비에 물, 물엿, 설탕을 넣고 105℃까지 끓인다.
2 비커에 남은 재료를 넣고 ①을 부어 핸드블렌더로 매끈한 상태가 될 때까지 믹싱한다.
tip 온도 30℃에서 사용하며 사용 전 다시 핸드블렌더로 믹싱한다.

마무리 MONTAGE

계핏가루 적당량
건조 미니 사과 적당량
식용 금박 적당량

1 A(슈)의 윗면을 가장자리 1㎝씩을 남기고 잘라 낸다.
2 E(사과 계피 콩포트)를 한 스푼 넣고 고루 펼친 다음, 부드럽게 풀어 짤주머니에 넣은 B(수정과 파티시에 크림)를 가득 짜 넣는다.
3 몰드에서 뺀 C(흑설탕 바닐라 마스카르포네 무스)의 겉면에 F(계피 글라사주)를 입히고 ②의 가운데에 올린다.
4 지름 1㎝ 크기의 원형 깍지를 낀 다른 짤주머니에 휘핑한 D(수정과 가나슈 몽테)를 넣고 가장자리에 둘러 가며 물방울 모양으로 짠다.
5 가장자리에 계핏가루를 뿌리고, 건조 미니 사과, 식용 금박으로 장식한다.
tip 건조 미니 사과는 미니 사과를 0.1㎝ 두께로 얇게 슬라이스해 설탕에 2시간 동안 절인 다음 물기를 제거하고 꽃 모양으로 포개 40℃ 오븐에서 2시간 동안 건조시켜 만든다.

CHOUX

BÛCHE MACADAMIA

마카다미아 뷔슈

화려한 비주얼의 슈 케이크 '마카다미아 뷔슈'. 슈를 크리스마스에 즐겨 먹는 뷔슈 모양으로 구워 마치 화려한 앙트르메를 감상하는 듯 하다. 마카다미아와 코코넛을 마리아주한 크림과 가나슈가 어우러져 고소하고 달콤한 풍미를 즐길 수 있다. 특별한 날을 기념하는 케이크로 활용해 볼 것을 추천한다.

길이 20㎝, 지름 5㎝ 크기의 뷔슈 모양 슈 2개

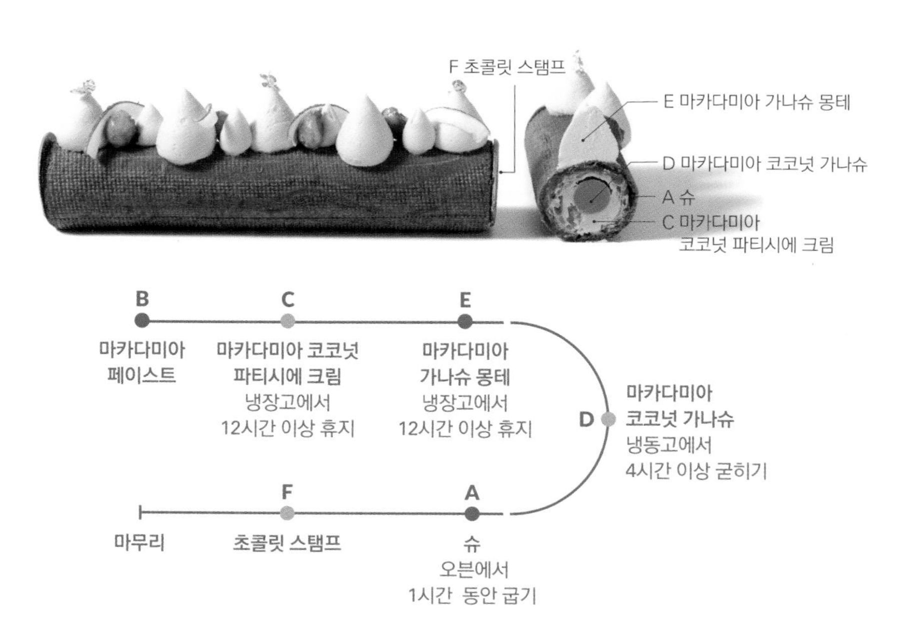

슈 Ⓐ CHOUX

물 50g
우유 50g
버터 44g
소금 2g
설탕 2g
중력분 55g
달걀 98g

1 냄비에 물, 우유, 버터, 소금, 설탕을 넣고 중불에서 버터가 녹을 때까지 끓인다.
2 불에서 내려 체 친 중력분을 넣고 섞는다.
3 다시 불에 올려 약불에서 빠르게 섞어 가며 호화시킨다.
4 불에서 내려 믹서볼에 옮긴 다음 비터로 60℃가 될 때까지 믹싱한다.
5 푼 달걀을 조금씩 나누어 넣으며 믹싱한다.
6 지름 1㎝ 크기의 원형 깍지를 낀 짤주머니에 반죽을 넣고 길이 20㎝, 지름 5㎝ 크기의 뷔슈 모양 틀(De Buyer NTI280) 안에 1/4 높이까지 짜 넣는다.
tip 틀 안쪽에 틀 크기에 맞게 자른 테프론 시트와 타공 매트를 둘러 준비한다. 양옆에 분리형 덮개가 있는 제품을 사용하면 편리하다.
7 양 옆면을 틀 크기에 맞게 자른 타공 매트로 막고 덮개를 덮은 뒤 170℃ 오븐에서 1시간 동안 굽는다.

마카다미아 페이스트 Ⓑ PÂTE MACADAMIA

마카다미아 200g
소금 약간

1 철팬에 마카다미아를 펼쳐 놓고 150℃ 오븐에서 10분 동안 굽는다.
2 완전히 식혀 푸드프로세서에 소금과 함께 넣고 페이스트 형태가 될 때까지 곱게 간다.

마카다미아 코코넛 파티시에 크림 Ⓒ CRÈME PÂTISSIÈRE MACADAMIA ET NOIX DE COCO

우유 85g
코코넛 밀크 115g
설탕A 25g
바닐라 빈 1/2개
노른자 30g
설탕B 25g
옥수수 전분 12g
젤라틴 매스 14g
버터 80g
B(마카다미아 페이스트) 55g

1 냄비에 우유, 코코넛 밀크, 설탕A, 바닐라 빈의 씨와 깍지를 넣고 끓기 직전까지 가열한다.
2 볼에 노른자, 설탕B, 옥수수 전분을 넣고 섞는다.
3 ①을 조금씩 나누어 넣으면서 섞는다.
4 체에 걸러 다시 냄비에 옮긴 다음 중불에서 거품기로 섞어 가며 호화시킨다.
5 불에서 내려 젤라틴 매스를 넣고 녹인다.
6 볼에 옮겨 45℃까지 식힌 뒤 부드러운 상태의 버터, B(마카다미아 페이스트)를 넣고 핸드블렌더로 믹싱한다.
7 표면에 랩을 밀착시키고 감싸 냉장고에서 12시간 이상 휴지시킨다.

마카다미아 코코넛 가나슈 Ⓓ GANACHE MACADAMIA ET NOIX DE COCO

코코넛 밀크 100g
밀크초콜릿 90g
발로나 자바라 40%
B(마카다미아 페이스트) 45g

1 냄비에 코코넛 밀크를 넣고 끓기 직전까지 가열한 다음 밀크초콜릿에 붓고 유화시킨다.
tip 우유의 양이 적을 때에는 초콜릿을 미리 중탕으로 녹인 뒤 섞는 것이 좋다.
2 B(마카다미아 페이스트)를 넣고 핸드블렌더로 부드러운 상태가 될 때까지 믹싱한다.
3 OPP 필름을 돌돌 말아 지름 1.5㎝ 크기의 원통 모양으로 만들고 한쪽 끝을 막은 후 그 안에 ②를 붓고 입구를 막아 냉동고에서 4시간 이상 굳힌다.

마카다미아 가나슈 몽테 Ⓔ GANACHE MONTÉE MACADAMIA

생크림 250g
젤라틴 매스 7g
화이트초콜릿 100g
발로나 이보아르 35%
B(마카다미아 페이스트) 50g

1 냄비에 생크림을 넣고 80℃까지 가열한다.
2 젤라틴 매스를 넣고 녹인 다음 화이트초콜릿에 붓고 고루 섞는다.
3 B(마카다미아 페이스트)를 넣고 핸드블렌더로 믹싱해 유화시킨 뒤 얼음물을 받쳐 40℃ 까지 식힌다.
4 표면에 랩을 밀착시키고 감싸 냉장고에서 12시간 이상 휴지시킨다.

초콜릿 스탬프 Ⓕ CACHET CHOCOLAT

다크코팅초콜릿 100g
카카오바리 파타글라세 브라운
식용 금분 적당량

1 짤주머니에 녹인 다크코팅초콜릿을 넣은 다음 실리콘 매트에 스탬프 크기보다 조금 작게 짠다.
2 냉동고에서 차갑게 보관한 스탬프를 ①에 찍는다.
3 초콜릿이 굳으면 실리콘 매트에서 떼어 낸 뒤 붓으로 식용 금분을 바른다.

마무리 MONTAGE

마다카미아 적당량
코코넛 적당량
식용 금박 적당량

1 A(슈)의 한쪽 옆면을 가장자리 0.5㎝씩을 남기고 잘라 낸다.
2 슈크림 모양깍지(231번)를 낀 짤주머니에 부드럽게 푼 C(마카다미아 코코넛 파티시에 크림)를 넣고 ①안에 80%까지 짜 넣는다.
3 필름을 뗀 D(마카다미아 코코넛 가나슈)를 길이 18㎝로 잘라 ②의 가운데에 넣은 다음 옆면에 새어 나온 크림을 정리한다.
4 슈 옆면에 F(초콜릿 스탬프)를 붙인다.
5 지름 1㎝, 2㎝ 크기의 원형 깍지를 각각 낀 다른 짤주머니에 휘핑한 E(마카다미아 가나슈 몽테)를 나눠 넣고 윗면에 물방울 모양을 여러 개 짠다.
6 마카다미아, 코코넛 슬라이스, 식용 금박으로 장식한다.
tip 마카다미아는 150℃ 오븐에서 10분간 구워 캐러멜화한 설탕을 입힌다.
tip 코코넛 슬라이스는 코코넛 생과를 채칼로 얇게 슬라이스한 것을 사용한다.

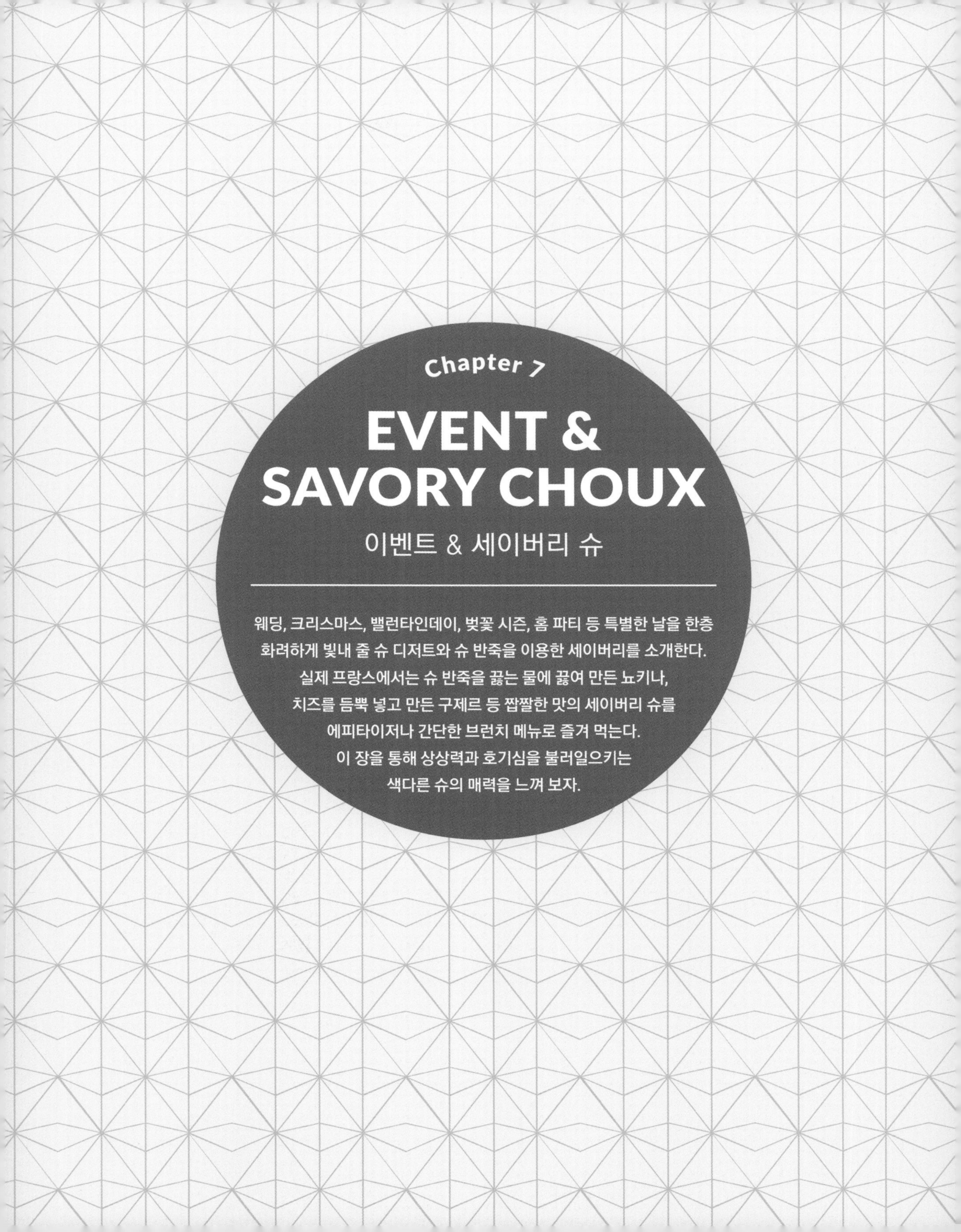

Chapter 7

EVENT & SAVORY CHOUX

이벤트 & 세이버리 슈

웨딩, 크리스마스, 밸런타인데이, 벚꽃 시즌, 홈 파티 등 특별한 날을 한층
화려하게 빛내 줄 슈 디저트와 슈 반죽을 이용한 세이버리를 소개한다.
실제 프랑스에서는 슈 반죽을 끓는 물에 끓여 만든 뇨키나,
치즈를 듬뿍 넣고 만든 구제르 등 짭짤한 맛의 세이버리 슈를
에피타이저나 간단한 브런치 메뉴로 즐겨 먹는다.
이 장을 통해 상상력과 호기심을 불러일으키는
색다른 슈의 매력을 느껴 보자.

크로캉부슈

'입 안에서 바삭거리다'라는 의미의 '크로캉부슈(Croque-en-bouche)'에서 유래된 이름으로, 프랑스의 대표적인 웨딩케이크다. 높이 쌓아 올린 모양이 크리스마스 트리를 닮아 크리스마스 케이크로도 많이 활용된다.

지름 15㎝, 높이 40㎝ 크기의 원뿔 모양 슈 1개

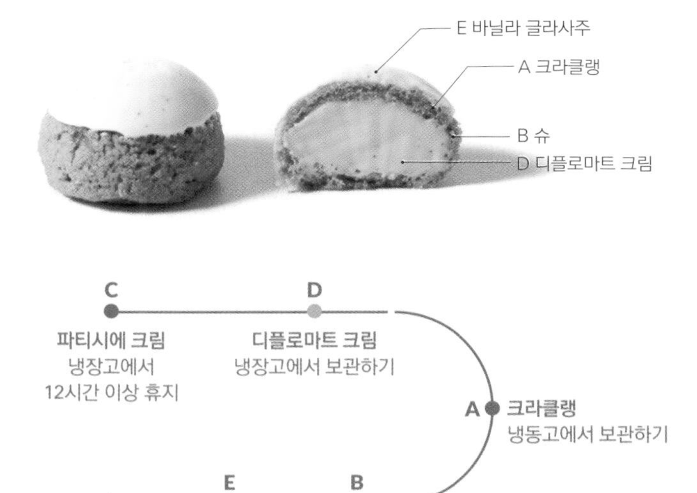

크라클랭 Ⓐ CRAQUELIN

버터 50g
설탕 62g
박력분 40g
아몬드파우더 22g

1 믹서볼에 버터, 설탕을 넣고 비터로 믹싱한다.
2 함께 체 친 박력분, 아몬드파우더를 넣고 한 덩어리가 될 때까지 믹싱한다.
3 0.2㎝ 두께로 밀어 편 다음 지름 3㎝ 크기의 원형 커터로 찍어 자르고 냉동고에서 보관한다.

슈 Ⓑ CHOUX

물 50g
우유 50g
버터 44g
소금 2g
설탕 2g
중력분 55g
달걀 93g

1 냄비에 물, 우유, 버터, 소금, 설탕을 넣고 중불에서 버터가 녹을 때까지 끓인다.
2 불에서 내려 체 친 중력분을 넣고 섞는다.
3 다시 불에 올려 약불에서 빠르게 섞어 가며 호화시킨다.
4 불에서 내려 믹서볼에 옮긴 다음 비터로 60℃가 될 때까지 믹싱한다.
5 푼 달걀을 조금씩 나누어 넣으며 믹싱한다.
6 지름 1㎝ 크기의 원형 깍지를 낀 짤주머니에 넣고 철팬에 지름 2㎝ 크기의 원형으로 짠다.
7 윗면에 A(크라클랭)를 올리고 170℃ 오븐에서 30분 동안 굽는다.

파티시에 크림 Ⓒ CRÈME PÂTISSIÈRE

우유 240g
설탕A 25g
바닐라 빈 1/2개
노른자 30g
설탕B 25g
옥수수 전분 12g
젤라틴 매스 14g
버터 80g

1 냄비에 우유, 설탕A, 바닐라 빈의 씨와 깍지를 넣고 끓기 직전까지 가열한다.
2 볼에 노른자, 설탕B, 옥수수 전분을 넣고 섞는다.
3 ①을 조금씩 나누어 넣으면서 섞는다.
4 체에 걸러 다시 냄비에 옮긴 다음 중불에서 거품기로 섞어 가며 호화시킨다.
5 불에서 내려 젤라틴 매스를 넣고 녹인다.
6 볼에 옮겨 45℃까지 식힌 뒤 부드러운 상태의 버터를 넣고 핸드블렌더로 믹싱한다.
7 표면에 랩을 밀착시키고 감싸 냉장고에서 12시간 이상 휴지시킨다.

디플로마트 크림 Ⓓ CRÈME DIPLOMATE

C(파티시에 크림) 400g
생크림 200g

1 믹서볼에 C(파티시에 크림)를 넣고 비터로 부드러운 상태가 될 때까지 믹싱한다.
2 다른 믹서볼에 생크림을 넣고 80%까지 휘핑한다.
3 ①에 ②를 2~3회에 걸쳐 나누어 넣고 섞는다.
4 표면에 랩을 밀착시키고 감싸 냉장고에서 보관한다.

바닐라 글라사주 Ⓔ GLAÇAGE À LA VANILLE

생크림 125g
물엿 50g
바닐라 빈 1/2개
젤라틴 매스 35g
화이트초콜릿 160g
칼리바우트 W2 28%
화이트코팅초콜릿 150g
카카오바리 파타글라세 아이보리
이산화 타이타늄 1g

1 냄비에 생크림, 물엿, 바닐라 빈의 씨를 넣고 끓기 직전까지 가열한다.
2 젤라틴 매스를 넣고 녹인 다음 남은 재료를 넣은 비커에 부어 핸드블렌더로 믹싱한다.
tip 온도 28~30℃에서 사용하며 사용 전 다시 핸드블렌더로 믹싱한다.

마무리 MONTAGE

코코넛파우더 적당량
꽃 모양 슈거 페이스트 장식물 적당량

1 짤주머니에 부드럽게 푼 D(디플로마트 크림)를 넣고 아랫면에 구멍을 낸 B(슈)에 짜 넣은 다음 윗면에 E(바닐라 글라사주)를 입힌다.
2 ①의 1/3 분량은 윗면에 코코넛파우더를 묻힌다.
3 ①을 세워 지름 15㎝ 크기의 원형으로 이어 붙인 뒤 층과 층사이를 ①, ②로 이어 붙여 원뿔 모양으로 쌓아 올린다.
tip 캐러멜이나 초콜릿(분량 외)을 녹여 슈를 붙인다.
tip 처음 시작할 때 안쪽에 무스케이크 틀이나 원뿔 모양의 모형을 세운 후 작업하면 편리하다. 단, 입구가 너무 좁아지기 전에 틀을 빼낸다.
4 꽃 모양 슈거 페이스트 장식물로 장식한다.

사팽 드 노엘

눈이 살포시 덮인 크리스마스 트리를 본 떠 만든 슈 케이크다. 원통 모양으로 구운 슈 위에 물방울 모양의 무스를 얹고 초콜릿 페이스트로 만든 잎사귀와 크리스마스 오너먼트 모양의 초콜릿 장식물을 붙여 순백의 화려한 비주얼을 자랑한다.

지름 6㎝, 높이 4.5㎝ 크기의 원통 모양 슈 6개

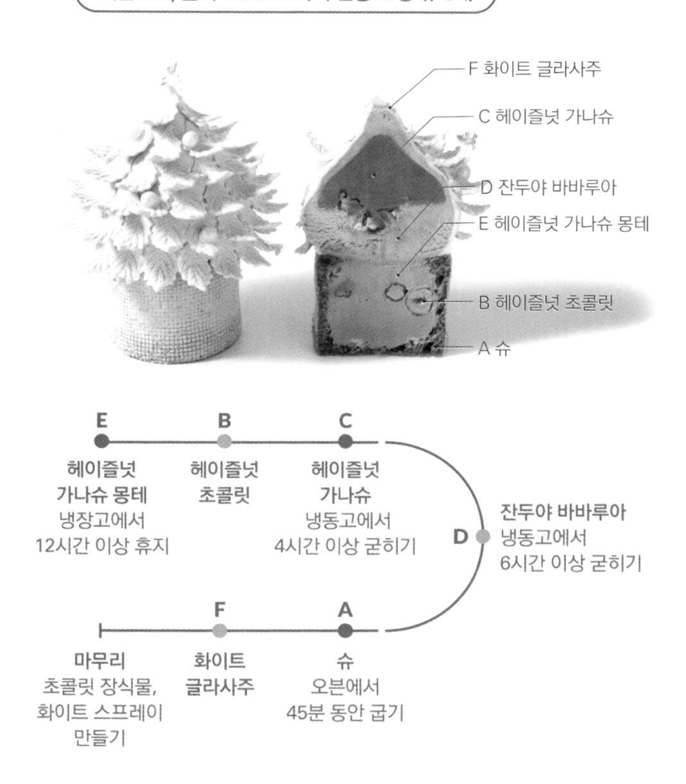

슈 Ⓐ CHOUX

물 50g
우유 50g
버터 44g
소금 2g
설탕 2g
중력분 55g
달걀 98g

1 냄비에 물, 우유, 버터, 소금, 설탕을 넣고 중불에서 버터가 녹을 때까지 끓인다.
2 불에서 내려 체 친 중력분을 넣고 섞는다.
3 다시 불에 올려 약불에서 빠르게 섞어 가며 호화시킨다.
4 불에서 내려 믹서볼에 옮긴 다음 비터로 60℃가 될 때까지 믹싱한다.
5 푼 달걀을 조금씩 나누어 넣으며 믹싱한다.
6 지름 1㎝ 크기의 원형 깍지를 낀 짤주머니에 넣고 지름 6㎝, 높이 4.5㎝ 크기의 원통 모양 틀 안에 1/4 높이까지 짜 넣는다.
tip 틀 안쪽에 틀 크기에 맞게 자른 타공 매트를 둘러 준비한다.
7 윗면에 타공 매트를 덮은 뒤 철팬을 올리고 170℃ 오븐에서 45분 동안 굽는다.

헤이즐넛 초콜릿 Ⓑ CHOCOLAT NOISETTE

헤이즐넛 70g
다크초콜릿 적당량
발로나 과나하 70%

1 철팬에 헤이즐넛을 펼쳐 넣은 다음 180℃ 오븐에서 12분 동안 굽고 완전히 식힌다.
2 다크초콜릿을 템퍼링해 ①의 겉면에 입히고 상온에서 굳힌다.

헤이즐넛 가나슈 Ⓒ GANACHE NOISETTE

생크림 125g
다크초콜릿 30g
발로나 과나하 70%
밀크초콜릿 85g
발로나 아젤리아 35%

1 냄비에 생크림을 넣고 끓기 직전까지 가열한 다음 다크초콜릿, 밀크초콜릿을 함께 넣은 볼에 붓고 섞는다.
tip 생크림의 양이 적으므로 초콜릿을 미리 중탕으로 녹인 뒤 섞도록 한다.
2 핸드블렌더로 믹싱해 유화시킨 후 짤주머니에 넣는다.
3 지름 5.4㎝, 높이 4.1㎝ 크기의 물방울 모양 실리콘 몰드(Silikomart GOUTTE 55)에 30g씩 짠 다음 B(헤이즐넛 초콜릿)를 5알씩(5g) 넣고 냉동고에서 4시간 이상 굳힌다.

잔두야 바바루아 Ⓓ BAVAROIS DE GIANDUJA

우유 150g
생크림A 150g
설탕A 25g
노른자 100g
설탕B 25g
젤라틴 매스 56g
헤이즐넛초콜릿 250g
발로나 잔두야 누아젯 레 35%
생크림B 312g

1 냄비에 우유, 생크림A, 설탕A를 넣고 80℃까지 가열한다.
2 볼에 노른자와 설탕B를 넣고 거품기로 섞는다.
3 ①을 붓고 섞은 다음 다시 냄비에 옮겨 실리콘 주걱으로 저어 가며 80~83℃까지 가열한다.
tip 실리콘 주걱으로 크림을 떠 올려 손으로 —자를 그었을 때 흐르지 않고 흔적이 남아 있는 정도이면 완성이다.
4 젤라틴 매스를 넣고 녹인 뒤 체에 거른다.
5 다른 볼에 헤이즐넛초콜릿을 넣고 중탕으로 녹인 후 ④를 넣어 섞고 35~40℃까지 식힌다.
6 60~70%까지 휘핑한 생크림B를 2~3회에 걸쳐 나누어 넣고 섞는다.
7 짤주머니에 넣고 지름 6.7㎝, 높이 7.3㎝ 크기의 물방울 모양 실리콘 몰드(Silikomart RUSSIAN TALE)에 70%까지 짜 넣는다.
8 몰드에서 뺀 C(헤이즐넛 가나슈)를 넣고 남은 잔두야 바바루아를 가득 짜 넣는다.
9 윗면을 평평하게 정리해 냉동고에 6시간 이상 굳힌다.

헤이즐넛 가나슈 몽테 Ⓔ GANACHE MONTÉE NOISETTE

생크림 250g
젤라틴 매스 7g
다크초콜릿 25g
발로나 과나하 70%
밀크초콜릿 75g
발로나 아젤리아 35%

1 냄비에 생크림을 넣고 80℃까지 가열한 다음 젤라틴 매스를 넣고 녹인다.
2 볼에 다크초콜릿, 밀크초콜릿을 넣고 ①을 부어 고루 섞는다.
3 핸드블렌더로 믹싱해 유화시킨 뒤 얼음물을 받쳐 40℃까지 식힌다.
4 표면에 랩을 밀착시키고 감싸 냉장고에서 12시간 이상 휴지시킨다.

화이트 글라사주 Ⓕ GLAÇAGE BLANC

물 50g
물엿 100g
설탕 100g
젤라틴 매스 47g
연유 66g
화이트초콜릿 100g
칼리바우트 W2 28%
이산화 타이타늄 5g

1 냄비에 물, 물엿, 설탕을 넣고 105℃까지 끓인다.
2 비커에 남은 재료를 넣고 ①을 부은 다음 핸드블렌더로 매끈한 상태가 될 때까지 믹싱한다.
tip 온도 30℃에서 사용하며 사용 전 다시 핸드블렌더로 믹싱한다.

마무리 MONTAGE

초콜릿 페이스트 적당량
화이트초콜릿 적당량
칼리바우트 W2 28%
식용 은분 적당량
식용 은박 적당량

1 초콜릿 페이스트는 0.15㎝ 두께로 밀어 편 다음 2.4×1.3㎝ 크기의 나뭇잎 모양 커터로 자른다.
2 화이트초콜릿을 녹여 지름 0.7㎝ 크기의 구슬 모양 실리콘 몰드(Silikomart SF203)에 넣고 굳힌 뒤 몰드에서 빼 겉면에 식용 은분을 묻힌다.
3 A(슈)의 윗면을 가장자리 1㎝씩을 남기고 잘라 낸다.
4 짤주머니에 부드럽게 휘핑한 E(헤이즐넛 가나슈 몽테)를 넣고 ③의 안에 1/2 높이까지 짜 넣은 후 B(헤이즐넛 초콜릿)를 5개씩 넣고 다시 E(헤이즐넛 가나슈 몽테)를 가득 짜 넣는다.
5 몰드에서 뺀 D(잔두야 바바루아)의 겉면에 F(화이트 글라사주)를 입히고 ④의 윗면에 올린다.
6 ①을 둘러 가며 붙인 다음 겉면에 화이트초콜릿 스프레이(분량 외)를 분사한다.
tip 화이트초콜릿 스프레이는 화이트초콜릿과 카카오버터를 1:1 비율로 섞어 녹이고 이산화 타이타늄을 소량 섞은 뒤 온도를 40~45℃로 맞춰 사용한다.
7 ②와 식용 은박으로 장식한다.

아무르

강렬한 레드 컬러가 시선을 압도하는 하트 모양의 '아무르'는 밸런타인데이를 겨냥해 만든 슈 디저트다. 체리를 콩포트 형태로 만들고 그 아래에 농후한 텍스처의 다크초콜릿 크레뫼를 배치해 묵직함에서부터 산뜻함까지 다양한 맛의 변화를 즐길 수 있다.

가로 6㎝, 높이 4.5㎝ 크기의 하트 모양 슈 6개

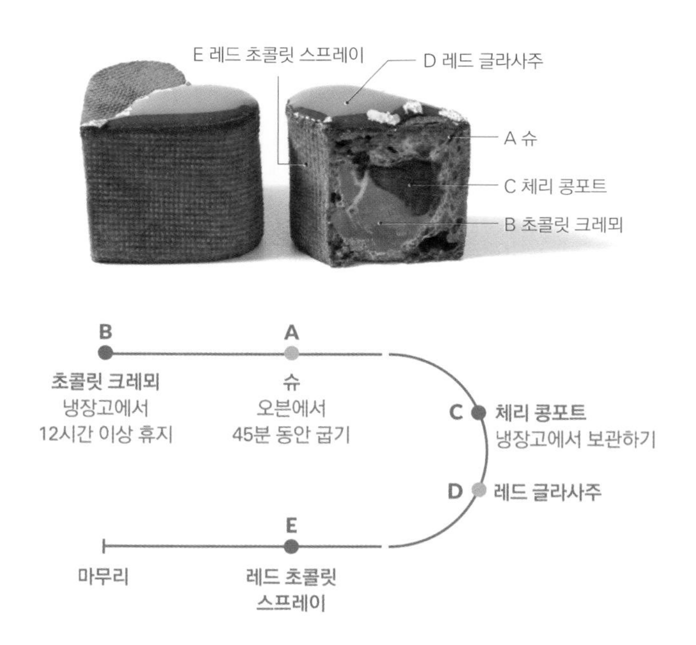

슈  CHOUX

물 50g
우유 50g
버터 44g
소금 2g
설탕 2g
중력분 55g
달걀 98g

1 냄비에 물, 우유, 버터, 소금, 설탕을 넣고 중불에서 버터가 녹을 때까지 끓인다.
2 불에서 내려 체 친 중력분을 넣고 섞는다.
3 다시 불에 올려 약불에서 빠르게 섞어 가며 호화시킨다.
4 불에서 내려 믹서볼에 옮긴 다음 비터로 60℃가 될 때까지 믹싱한다.
5 푼 달걀을 조금씩 나누어 넣으며 믹싱한다.
6 지름 1㎝ 크기의 원형 깍지를 낀 짤주머니에 넣고 가로 6㎝, 높이 4.5㎝ 크기의 하트 모양 틀 안에 1/4 높이까지 짜 넣는다.
tip 틀 안쪽에 틀 크기에 맞게 자른 타공 매트를 둘러 준비한다.
7 윗면에 타공 매트를 덮은 뒤 철팬을 올리고 170℃ 오븐에서 45분 동안 굽는다.

초콜릿 크레뫼 Ⓑ CRÉMEUX AU CHOCOLAT

우유 200g
생크림 230g
설탕A 25g
노른자 70g
설탕B 25g
젤라틴 매스 49g
다크초콜릿 200g
발로나 과나하 70%
버터 130g

1 냄비에 우유, 생크림, 설탕A를 넣고 끓기 직전까지 가열한다.
2 볼에 노른자, 설탕B를 넣고 섞은 다음 ①을 조금씩 나누어 넣으며 섞는다.
3 체에 걸러 다시 냄비에 옮긴 뒤 약불에서 저어 가며 83~85℃까지 가열한다.
4 불에서 내려 젤라틴 매스를 넣고 녹인다.
5 볼에 다크초콜릿을 넣고 ④를 부어 고루 섞는다.
6 핸드블렌더로 믹싱해 유화시킨 다음 45℃까지 식혀 부드러운 상태의 버터를 넣고 핸드블렌더로 다시 믹싱한다.
7 표면에 랩을 밀착시키고 감싸 냉장고에서 12시간 이상 휴지시킨다.

체리 콩포트  COMPOTE DE CERISES

체리 200g
설탕 30g
체리 리큐르 14g
디종 키르슈

1 냄비에 체리, 설탕을 넣고 중불에서 가열하다가 수분이 나오기 시작하면 강불에서 빠르게 수분을 날린다.
tip 체리는 반으로 잘라 씨를 제거해 준비한다.
2 불에서 내려 체리 리큐르를 넣고 섞는다.
3 완전히 식혀 밀폐 용기에 넣고 냉장고에서 보관한다.

레드 글라사주 Ⓓ GLAÇAGE ROUGE

물 50g
물엿 100g
설탕 100g
젤라틴 매스 47g
연유 66g
화이트초콜릿 100g
칼리바우트W2 28%
붉은색 식용 색소 5g
식용 금분 적당량

1 냄비에 물, 물엿, 설탕을 넣고 105℃까지 끓인다.
2 비커에 남은 재료를 넣고 ①을 부은 다음 핸드블렌더로 매끈한 상태가 될 때까지 믹싱한다.
tip 온도 30℃에서 사용하며 사용 전 다시 핸드블렌더로 믹싱한다.

레드 초콜릿 스프레이 Ⓔ SPRAY ROUGE CHOCOLAT

화이트초콜릿 50g
칼리바우트 W2 28%
카카오버터 50g
붉은색 식용 색소 적당량

1 비커에 화이트초콜릿, 카카오버터를 넣고 중탕으로 녹인다.
2 붉은색 식용 색소를 넣고 섞는다.
3 온도를 40~45℃로 맞춘다.

마무리 MONTAGE

식용 금박 적당량

1 A(슈)의 아랫면에 작은 구멍을 낸다.
2 C(체리 콩포트)를 넣고 부드럽게 풀어 짤주머니에 넣은 B(초콜릿 크레뫼)를 가득 짜 넣는다.
3 겉면에 E(레드 초콜릿 스프레이)를 분사한다.
4 D(레드 글라사주)를 짤주머니에 넣고 ③의 윗면 절반에 얇게 짠 뒤 식용 금박으로 장식한다.

벚꽃 나무

화사한 벚꽃이 풍성하게 피어난 벚꽃 나무를 형상화한 슈다. 배와 래디시 정과를 하늘하늘한 꽃잎처럼 만들어 실제 벚꽃잎을 보는 것 같다. 복숭아, 산딸기, 벚꽃 리큐르 등을 사용해 비주얼에 어울리는 향긋하고 상큼한 맛을 담았다.

지름 8㎝ 크기의 원형 타르트 모양 슈 6개

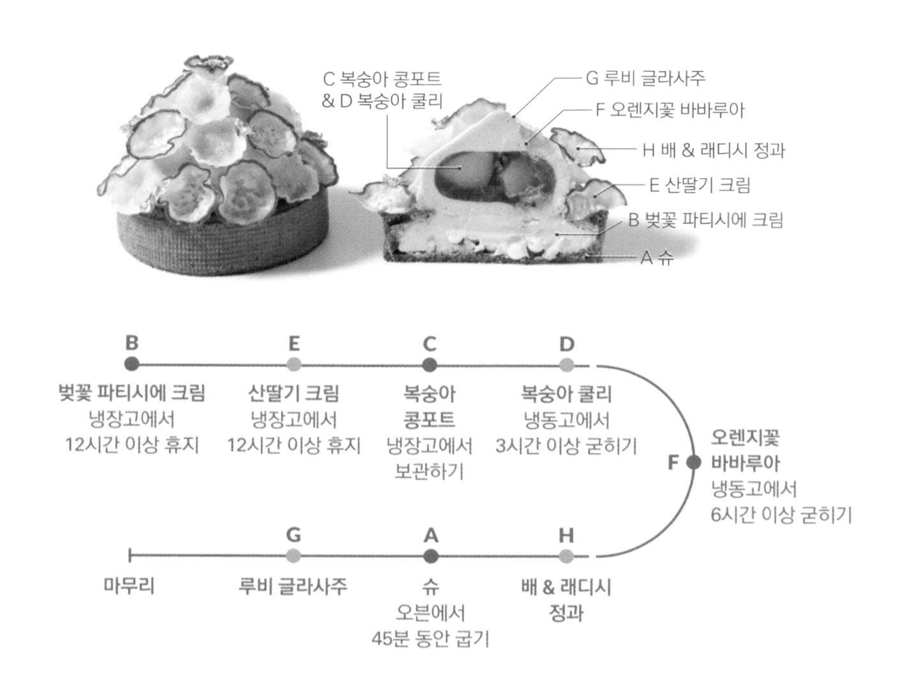

슈 Ⓐ CHOUX

물 50g
우유 50g
버터 44g
소금 2g
설탕 2g
중력분 55g
달걀 98g

1 냄비에 물, 우유, 버터, 소금, 설탕을 넣고 중불에서 버터가 녹을 때까지 끓인다.
2 불에서 내려 체 친 중력분을 넣고 섞는다.
3 다시 불에 올려 약불에서 빠르게 섞어 가며 호화시킨다.
4 불에서 내려 믹서볼에 옮긴 다음 비터로 60℃가 될 때까지 믹싱한다.
5 푼 달걀을 조금씩 나누어 넣으며 믹싱한다.
6 지름 1㎝ 크기의 원형 깍지를 낀 짤주머니에 반죽을 넣고 지름 8㎝ 크기의 원형 타르트 틀 안에 1/4 높이까지 짜 넣는다.
tip 틀 안쪽에 틀 크기에 맞게 자른 타공 매트를 둘러 준비한다.
7 윗면에 타공 매트를 덮은 뒤 철팬을 올리고 170℃ 오븐에서 45분 동안 굽는다.

벚꽃 파티시에 크림 Ⓑ CRÈME PÂTISSIÈRE AUX FLEURS DE CERISIERS

우유 240g
설탕A 25g
바닐라 빈 1/2개
노른자 30g
설탕B 25g
옥수수 전분 13g
젤라틴 매스 14g
버터 80g
벚꽃 리큐르 15g
디종 벚꽃

1 냄비에 우유, 설탕A, 바닐라 빈의 씨와 깍지를 넣고 끓기 직전까지 가열한다.
2 볼에 노른자, 설탕B, 옥수수 전분을 넣고 섞는다.
3 ①을 조금씩 나누어 넣으면서 섞는다.
4 체에 걸러 다시 냄비에 옮긴 다음 중불에서 거품기로 섞어 가며 호화시킨다.
5 불에서 내려 젤라틴 매스를 넣고 녹인다.
6 볼에 옮겨 45℃까지 식힌 뒤 부드러운 상태의 버터, 벚꽃 리큐르를 넣고 핸드블렌더로 믹싱한다.
7 표면에 랩을 밀착시키고 감싸 냉장고에서 12시간 이상 휴지시킨다.

복숭아 콩포트 Ⓒ COMPOTE DE PÊCHES

복숭아 200g
설탕 20g
복숭아 리큐르 14g
디종 복숭아

1 냄비에 복숭아, 설탕을 넣고 중불에서 가열하다가 수분이 나오기 시작하면 강불에서 빠르게 수분을 날리며 조린다.
tip 복숭아는 껍질과 씨를 제거하고 1㎝ 크기의 큐브 모양으로 자른 것을 사용한다.
tip 통조림 복숭아를 사용하는 경우, 약불에서 오랜 시간 가열하면 과육이 뭉개질 수 있으므로 처음부터 강불에서 빠르게 수분을 날리며 조린다.
2 불에서 내려 복숭아 리큐르를 넣고 섞은 다음 완전히 식혀 밀폐 용기에 넣고 냉장고에서 보관한다.

복숭아 쿨리 Ⓓ COULIS DE PÊCHES

복숭아 퓌레 100g
13°±2Brix
설탕 10g
젤라틴 매스 14g

1 냄비에 복숭아 퓌레, 설탕을 넣고 끓인다.
2 불에서 내려 젤라틴 매스를 넣고 녹인다.
3 35~40℃까지 식힌 다음 짤주머니에 넣는다.
4 지름 4.5㎝, 높이 2㎝ 크기의 원반 모양 실리콘 몰드(Silikomart GLOBE 26)에 10g씩 짠 뒤 C(복숭아 콩포트)를 15g씩 넣는다.
5 남은 쿨리를 5g씩 짜 넣고 윗면을 평평하게 정리해 냉동고에서 3시간 이상 굳힌다.

산딸기 크림 Ⓔ CRÈME AUX FRAMBOISES

산딸기 퓌레 60g
11°±2Brix
설탕A 23g
달걀 75g
설탕B 23g
젤라틴 매스 21g
버터 120g

1 냄비에 산딸기 퓌레, 설탕A를 넣고 끓인다.
2 볼에 달걀, 설탕B를 넣고 거품기로 섞은 다음 ①을 조금씩 나누어 넣고 섞는다.
3 체에 걸러 냄비에 옮긴 뒤 중불에서 실리콘 주걱으로 저어 가며 72~73℃까지 가열한다.
4 젤라틴 매스를 넣고 녹인 후 볼에 옮겨 45℃까지 식힌다.
5 부드러운 상태의 버터를 넣고 핸드블렌더로 믹싱한다.
6 표면에 랩을 밀착시키고 감싸 냉장고에서 12시간 이상 휴지시킨다.

오렌지꽃 바바루아 Ⓕ BAVAROIS À LA FLEUR D'ORANGER

우유 38g
생크림A 38g
설탕A 6g
찻잎 2g
포트넘앤메이슨 포트메이슨
노른자 25g
설탕B 6g
젤라틴 매스 14g
루비초콜릿 35g
생크림B 78g

1 냄비에 우유, 생크림A, 설탕A, 찻잎을 넣고 80℃까지 가열한 다음 불에서 내려 10분 동안 향을 우린다.
2 볼에 노른자, 설탕B를 넣고 거품기로 섞는다.
3 ①을 붓고 섞은 다음 다시 냄비에 옮겨 실리콘 주걱으로 저어 가며 80~83℃까지 가열한다.
4 젤라틴 매스를 넣고 녹인 뒤 체에 거른다.
5 다른 볼에 루비초콜릿을 넣고 중탕으로 녹인 후 ④를 넣고 섞어 35~40℃까지 식힌다.
6 60~70%까지 휘핑한 생크림B를 2~3회에 걸쳐 나누어 넣고 섞는다.
7 짤주머니에 ⑥을 넣고 지름 5.4㎝, 높이 4.1㎝ 크기의 물방울 모양 실리콘 몰드(Silikomart GOUTTE 55)에 60%까지 짜 넣는다.
8 몰드에서 뺀 D(복숭아 쿨리)를 넣고 남은 바바루아를 가득 짜 넣는다.
9 윗면을 평평하게 정리해 냉동고에 6시간 이상 굳힌다.

루비 글라사주 (G) GLAÇAGE RUBIS

물 50g
물엿 100g
설탕 100g
젤라틴 매스 47g
연유 66g
루비초콜릿 100g

1 냄비에 물, 물엿, 설탕을 넣고 105℃까지 끓인다.
2 비커에 남은 재료를 넣고 ①을 부어 핸드블렌더로 매끈한 상태가 될 때까지 믹싱한다.
tip 온도 30℃에서 사용하며 사용 전 다시 핸드블렌더로 믹싱한다.

배 & 래디시 정과  COMPOTE DE POIRES ET RADIS

배 1개
래디시 15~20개
설탕 적당량
벚꽃 리큐르 약간
디종 벚꽃

1 배와 래디시는 슬라이서를 사용해 0.1㎝ 두께로 자르고 배는 다시 지름 3㎝ 크기의 원형 커터로 찍어 자른다.
2 트레이에 펼쳐 놓고 설탕을 뿌린 다음 3시간 동안 절인다.
tip 설탕은 한 겹씩 얇게 뿌린 후 뿌린 설탕이 다 녹으면 조금씩 더 뿌린다.
tip 래디시에는 벚꽃 리큐르를 소량 넣어 절인다.
3 꽃잎 모양을 잡아 40℃ 건조기에서 3~4시간 건조시킨다.
tip 오븐을 사용한다면 40℃ 오븐에서 1시간 30분~2시간 건조시킨다.

마무리 MONTAGE

초콜릿 크런치 적당량
발로나 오팔리스 진주 크런치
식용 금박 적당량

1 A(슈)의 윗면을 가장자리 2㎝씩을 남기고 자른다.
2 초콜릿 크런치를 7g씩 넣은 다음 부드럽게 풀어 짤주머니에 넣은 B(벚꽃 파티시에 크림)를 가득 짜 넣고 윗면을 스패튤러로 평평하게 정리한다.
3 몰드에서 뺀 F(오렌지꽃 바바루아)의 겉면에 G(루비 글라사주)를 입히고 ②의 가운데에 올린다.
4 지름 0.7㎝ 크기의 원형 깍지를 낀 다른 짤주머니에 E(산딸기 크림)를 부드럽게 풀어 넣고 ③의 가장자리에 둘러 가며 짠다.
5 H(배 & 래디시 정과)의 배와 래디시를 번갈아 가며 붙이고 식용 금박으로 장식한다.

CHOUX

PROFITEROLES

프로피테롤

프로피테롤은 바닐라 아이스크림을 채운 작은 슈에 따뜻한 초콜릿을 뿌려 먹는 디저트이다. 프로피테롤이라는 이름은 과거 집안일을 돕는 하인들에게 고마움을 표하기 위한 '작은 사례(profiteroles)'로 나눠 준 작은 공 모양의 빵에서 유래됐다고 전해진다. 시원하고 부드러운 바닐라 아이스크림과 따뜻하고 녹진한 초콜릿 소스가 슈와 한데 어우러지며 입 안 가득 기분 좋은 달콤함을 남긴다. 기호에 따라 아몬드 슬라이스 등의 견과류를 뿌려 곁들여도 좋다.

지름 5㎝ 크기의 원형 슈 20개

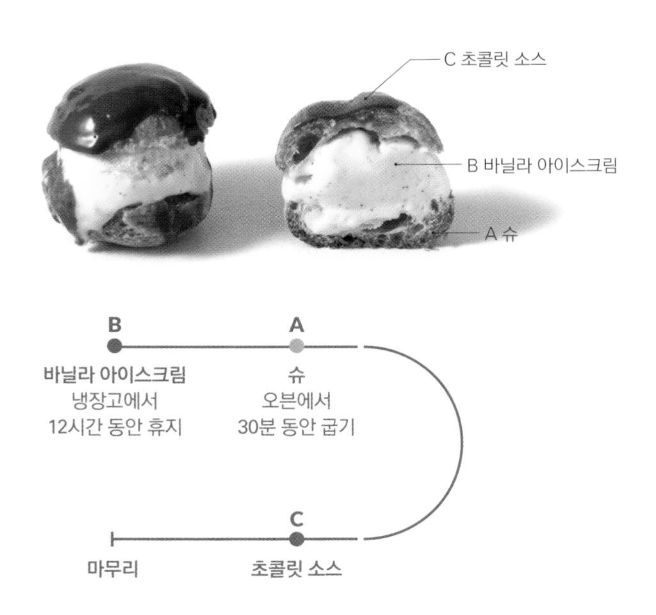

슈  CHOUX

물 50g
우유 50g
버터 44g
소금 2g
설탕 2g
중력분 55g
달걀 93g

1 냄비에 물, 우유, 버터, 소금, 설탕을 넣고 중불에서 버터가 녹을 때까지 끓인다.
2 불에서 내려 체 친 중력분을 넣고 섞는다.
3 다시 불에 올려 약불에서 빠르게 섞어 가며 호화시킨다.
4 불에서 내려 믹서볼에 옮긴 다음 비터로 60℃가 될 때까지 믹싱한다.
5 푼 달걀을 조금씩 나누어 넣으며 믹싱한다.
6 지름 1㎝ 크기의 원형 깍지를 낀 짤주머니에 반죽을 넣고 철팬에 지름 3㎝ 크기의 원형으로 짠다.
7 170℃ 오븐에서 30분 동안 굽는다.

바닐라 아이스크림  GLACE À LA VANILLE

우유 260g
생크림 200g
바닐라 빈 2개
물엿 100g
설탕A 63g
포도당가루 28g
아이스크림 안정제 4g
노른자 62g
설탕B 63g

1 냄비에 노른자, 설탕B를 제외한 모든 재료를 넣고 끓기 직전까지 가열한다.
tip 설탕A, 포도당가루, 아이스크림 안정제는 함께 섞어 넣는다.
2 볼에 노른자, 설탕B를 넣고 섞은 다음 ①을 조금씩 나누어 넣고 섞는다.
3 체에 걸러 냄비에 다시 옮긴 뒤 저어 가며 84~85℃까지 가열한다.
4 불에서 내려 핸드블렌더로 믹싱한 후 표면에 랩을 밀착시키고 감싸 냉장고에서 12시간 동안 휴지시킨다.
5 핸드블렌더로 다시 믹싱해 아이스크림 메이커에 넣고 작동시킨다.

초콜릿 소스 Ⓒ SAUCE AU CHOCOLAT

생크림 150g
우유 90g
다크초콜릿150g
발로나 과나하 70%

1 냄비에 생크림, 우유를 넣고 80℃까지 가열한다.
2 볼에 다크초콜릿을 넣고 중탕으로 녹인 다음 ①을 붓고 핸드블렌더로 믹싱해 유화시킨다.

마무리 MONTAGE

1 A(슈)를 반으로 잘라 B(바닐라 아이스크림)를 스푼으로 떠 올린 다음 자른 슈 윗면을 올린다.
2 윗면에 따뜻하게 데운 C(초콜릿 소스)를 뿌린다.

CHOUX

ÉCLAIR TOMATE ET BASILIC

토마토 바질 에클레르

신선한 토마토 바질 샐러드를 슈 안에 담았다. 토마토와 바질을 이용해 샐러드처럼 먹을 수 있게 한 것이 포인트. 상큼한 바질을 슈 반죽과 비스퀴 반죽, 가나슈에 모두 활용하고, 바질과 궁합이 좋은 토마토는 쿨리, 가나슈, 절임 세 가지 형태로 풀어 다채로운 식감이 주는 재미를 느낄 수 있다.

길이 14㎝ 크기의 에클레르 6개

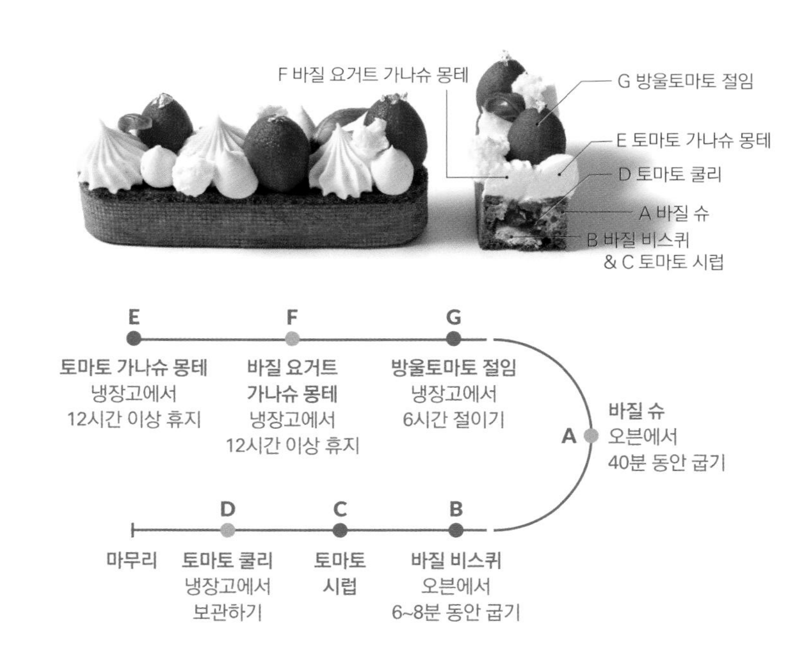

바질 슈 Ⓐ CHOUX BASILIC

물 50g
우유 50g
버터 44g
소금 2g
설탕 2g
중력분 55g
달걀 98
바질 페스토 5g

1 냄비에 물, 우유, 버터, 소금, 설탕을 넣고 중불에서 버터가 녹을 때까지 끓인다.
2 불에서 내려 체 친 중력분을 넣고 섞는다.
3 다시 불에 올려 약불에서 빠르게 섞어 가며 호화시킨다.
4 불에서 내려 믹서볼에 옮긴 다음 비터로 60℃가 될 때까지 믹싱한다.
5 푼 달걀을 조금씩 나누어 넣으며 믹싱한 뒤 바질 페스토를 넣고 믹싱한다.
6 지름 1㎝ 크기의 원형 깍지를 낀 짤주머니에 반죽을 넣고 14㎝ 길이의 에클레르 모양 틀 안에 1/4 높이까지 짜 넣는다.
tip 틀 안쪽에 틀 크기에 맞게 자른 타공 매트를 둘러 준비한다.
7 윗면에 타공 매트를 덮은 뒤 철팬을 올리고 170℃ 오븐에서 40분 동안 굽는다.

바질 비스퀴 Ⓑ BISCUIT AU BASILIC

노른자 40g
설탕A 25g
흰자 60g
설탕B 25g
박력분 50g
바질 잎 2g
슈거파우더 적당량

1 볼에 노른자, 설탕A를 넣고 핸드믹서로 믹싱한다.
2 다른 볼에 흰자를 넣고 핸드믹서로 휘핑하다가 설탕B를 조금씩 나누어 넣고 휘핑해 머랭을 만든다.
3 ①에 ②를 2~3회에 걸쳐 나누어 넣고 섞는다.
4 체 친 박력분을 넣고 가볍게 섞은 다음 다진 바질 잎을 넣고 섞는다.
5 지름 0.5㎝ 크기의 원형 깍지를 낀 짤주머니에 반죽을 넣고 유산지를 깐 철팬에 10㎝ 길이로 두 줄씩 붙여 짠 뒤 슈거파우더를 뿌린다.
6 200℃ 오븐에서 6~8분 동안 굽는다.

토마토 시럽 Ⓒ SIROP DE TOMATE

토마토 50g
설탕 20g

1 블렌더에 토마토를 넣고 곱게 갈아 체에 거른다.
2 냄비에 ①, 설탕을 넣고 끓인 다음 불에서 내려 식힌다.

토마토 쿨리 Ⓓ COULIS DE TOMATES

토마토 400g
설탕 40g
매실청 15g
꿀 15g
젤라틴 매스 70g

1 블렌더에 토마토를 넣고 곱게 갈아 체에 거른다.
2 냄비에 ①, 설탕, 매실청, 꿀을 넣고 끓인 다음 불에서 내린다.
3 젤라틴 매스를 넣고 녹인 뒤 표면에 랩을 밀착시키고 감싸 냉장고에서 보관한다.

토마토 가나슈 몽테 Ⓔ GANACHE MONTÉE TOMATE

토마토 50g
생크림 250g
젤라틴 매스 10g
화이트초콜릿 100g
발로나 오팔리스 33%
요거트파우더 60g

1 블렌더에 토마토를 넣고 곱게 갈아 체에 거른다.
2 냄비에 ①, 생크림을 넣고 80℃까지 가열한 다음 불에서 내려 젤라틴 매스를 넣고 녹인다.
3 볼에 화이트초콜릿, 요거트파우더, ②를 넣고 섞은 뒤 핸드블렌더로 믹싱해 유화시킨다.
4 표면에 랩을 밀착시키고 감싸 냉장고에서 12시간 이상 휴지시킨다.

바질 요거트 가나슈 몽테 Ⓕ GANACHE MONTÉE BASILIC YAOURT

생크림 250g
젤라틴 매스 7g
화이트초콜릿 100g
발로나 오팔리스 33%
요거트파우더 60g
바질 잎 1g

1 냄비에 생크림을 넣고 80℃까지 가열한 다음 불에서 내려 젤라틴 매스를 넣고 녹인다.
2 볼에 옮겨 화이트초콜릿, 요거트파우더, 잘게 다진 바질 잎을 넣고 섞은 뒤 핸드블렌더로 믹싱해 유화시킨다.
3 표면에 랩을 밀착시키고 감싸 냉장고에서 12시간 이상 휴지시킨다.

방울토마토 절임 Ⓖ CONFITURE DE TOMATES CERISE

방울토마토 20개
매실청 200g

1 끓는 물에 방울토마토를 넣고 데친 다음 찬물에 헹궈 껍질을 벗긴다.
tip 방울토마토는 꼭지를 제거하고 깨끗이 씻은 뒤 십자로 칼집을 내 사용한다.
3 열탕 소독한 유리병에 넣고 토마토가 잠길 만큼 매실청을 넣는다.
4 뚜껑을 닫고 거꾸로 뒤집어 냉장고에서 6시간 이상 절인다.

마무리 MONTAGE

선드라이드 토마토 50g
리코타 치즈 적당량
바질 잎
식용 금박 적당량

1 A(바질 슈)의 윗면을 가장자리 0.5㎝씩을 남기고 잘라 낸다.
2 B(바질 비스퀴)에 C(토마토 시럽)을 적셔 ① 안에 넣는다.
3 작게 썬 선드라이드 토마토를 넣은 다음 짤주머니에 넣은 D(토마토 쿨리)를 가득 짜 넣는다.
4 G(방울토마토 절임)를 올린다.
5 지름 1㎝ 크기의 원형 깍지를 낀 다른 짤주머니에 E(토마토 가나슈 몽테)를 부드럽게 휘핑해 넣고 윗면에 짠다.
6 에클레르 모양깍지(Matfer PF16)를 낀 또 다른 짤주머니에 F(바질 요거트 가나슈 몽테)를 부드럽게 휘핑해 넣고 ⑤ 사이사이에 짠다.
7 리코타 치즈, 바질 잎, 식용 금박으로 장식한다.

CHOUX

CHOUX POMME DE TERRE ROUGE

홍감자 슈

간단한 브런치 메뉴로 즐기기에 손색없는 '홍감자 슈'. 슈 안에 부드러운 홍감자 크림을 가득 채워 따뜻하게 데워 먹으면 마치 감자 수프 한 그릇을 먹은 듯 든든한 포만감을 준다. 윗면을 장식한 홍감자 칩은 바삭한 식감으로 자칫 밋밋할 수 있는 맛에 포인트를 준다.

12×5×2㎝ 크기의 아몬드 모양 슈 6개

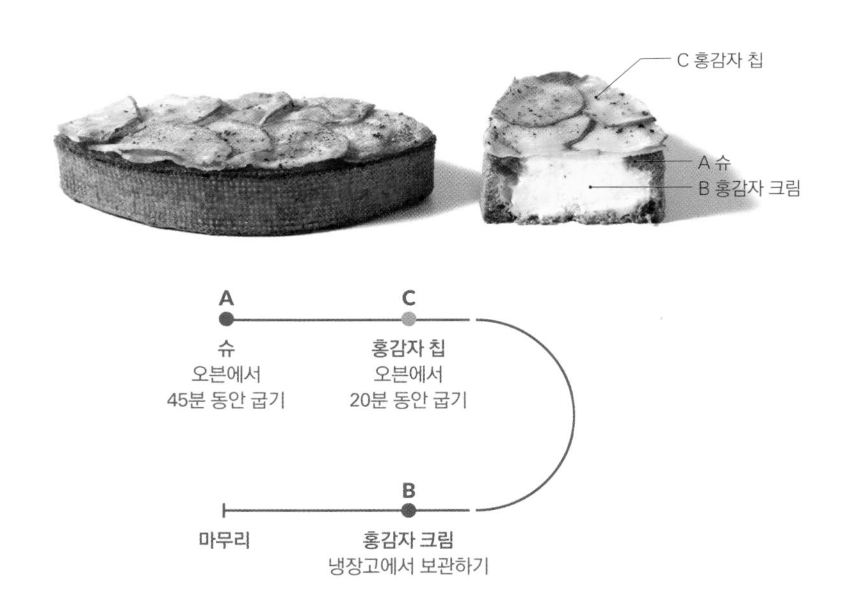

슈 Ⓐ CHOUX

- 물 50g
- 우유 50g
- 버터 44g
- 소금 2g
- 설탕 2g
- 중력분 55g
- 달걀 98g

1 냄비에 물, 우유, 버터, 소금, 설탕을 넣고 중불에서 버터가 녹을 때까지 끓인다.
2 불에서 내려 체 친 중력분을 넣고 섞는다.
3 다시 불에 올려 약불에서 빠르게 섞어 가며 호화시킨다.
4 불에서 내려 믹서볼에 옮긴 다음 비터로 60℃가 될 때까지 믹싱한다.
5 푼 달걀을 조금씩 나누어 넣으며 믹싱한다.
6 지름 1㎝ 크기의 원형 깍지를 낀 짤주머니에 반죽을 넣고 12×5×2㎝ 크기의 아몬드 모양 타르트 틀 안에 1/4 높이까지 짜 넣는다.
   tip 틀 안쪽에 틀 크기에 맞게 자른 타공 매트를 둘러 준비한다.
7 윗면에 타공 매트를 덮은 뒤 철팬을 올리고 170℃ 오븐에서 45분 동안 굽는다.

홍감자 크림 Ⓑ CRÈME DE POMMES DE TERRE ROUGE

- 홍감자 250g
- 설탕A 5g
- 생크림 100g
- 소금 1g
- 설탕B 10g
- 후추 약간

1 냄비에 홍감자, 감자가 잠길 정도의 물(분량 외), 설탕A를 넣고 약 10분 동안 끓인다.
   tip 감자는 껍질을 벗겨 큼직한 큐브 모양으로 잘라 준비한다.
2 감자를 건져 볼에 옮긴 다음 생크림, 소금, 설탕B, 후추를 넣고 핸드블렌더로 곱게 간다.
3 랩으로 감싸 냉장고에서 보관한다.

홍감자 칩  CHIPS DE POMMES DE TERRE ROUGE

홍감자 2개
카놀라유 약간
소금 약간
후추 약간
꿀 약간

1 홍감자를 껍질째 깨끗이 씻고 슬라이서를 사용해 0.1㎝ 두께로 슬라이스한 다음 찬물에 10분 동안 담가 둔다.
2 물기를 제거해 철팬에 조금씩 겹쳐 넓게 깐 뒤 12×5×2㎝ 크기의 아몬드 모양 틀로 찍어 자른다.
3 카놀라유를 붓으로 얇게 바른 후 소금, 후추를 뿌리고 180℃ 오븐에서 15분 동안 굽는다.
4 꿀을 뿌리고 실리콘 매트와 철팬을 차례대로 겹쳐 올려 190℃ 오븐에서 5분 동안 더 굽는다.

마무리 MONTAGE

1 A(슈)의 윗면을 가장자리 1㎝씩을 남기고 잘라 낸다.
2 부드럽게 풀어 짤주머니에 넣은 B(홍감자 크림)를 가득 짜 넣는다.
3 윗면에 C(홍감자 칩)를 얹는다.

뇨키 Gnocchi

넛메그, 후추 등 각종 향신료와 치즈를 넣은 슈 반죽을 짤주머니에 넣은 다음 소금을 녹인 끓는 물에 조금씩 짜 넣고 떠오르면 건져 낸다. 이것을 오일을 두른 팬에 허브류 등과 함께 노릇하게 구워내면 완성. 감자 뇨키 등과 구별되며 보통 파리지앵 뇨키(Parisien Gnocchi)라 불린다.

CHOUX

CHOUX À LA CRÈME DE MAÏS SUCRE

초당옥수수 슈 아 라 크렘

최근 인기 간식으로 급부상한 초당옥수수를 주재료로 달콤하고 고소한 맛의 슈를 완성했다. 당도와 수분이 높은 초당옥수수를 퓌레로 만들어 크림과 가나슈 몽테에 넣었는데, 이때 소금을 살짝 가미해 단맛을 끌어올리고 감칠맛을 더했다. 단짠의 매력을 품은 매력만점 슈 디저트다.

지름 6㎝ 크기의 원형 슈 15개

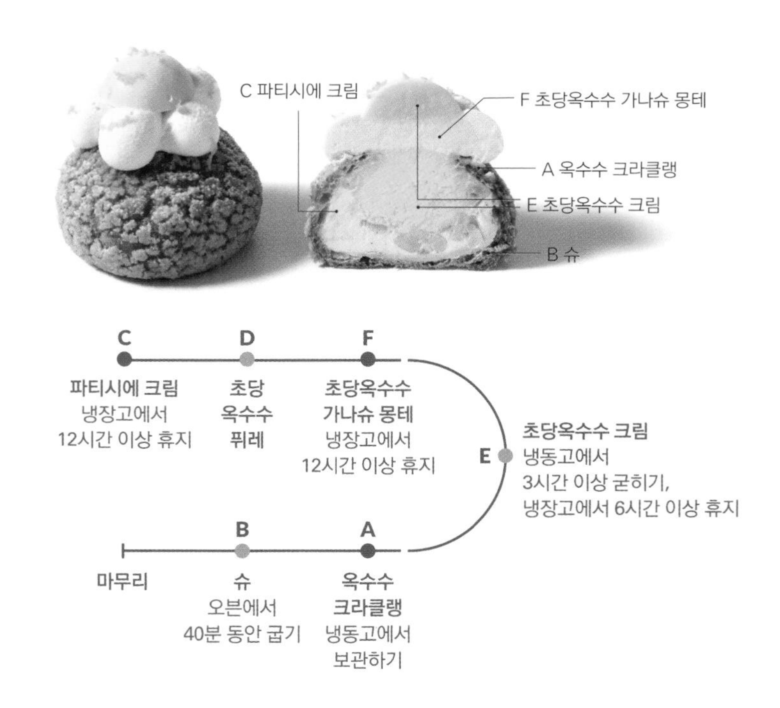

옥수수 크라클랭 Ⓐ CRAQUELINS AU MAÏS

버터 50g
설탕 62g
소금 0.5g
박력분 40g
옥수수가루 20g

1 믹서볼에 버터, 설탕, 소금을 넣고 비터로 믹싱한다.
2 함께 체 친 박력분, 옥수수가루를 넣고 한 덩어리가 될 때까지 믹싱한다.
3 0.2㎝ 두께로 밀어 편 다음 지름 5㎝ 크기의 원형 커터로 찍어 자르고 냉동고에서 보관한다.

슈 Ⓑ CHOUX

물 50g
우유 50g
버터 44g
소금 2g
설탕 2g
중력분 55g
달걀 93g

1 냄비에 물, 우유, 버터, 소금, 설탕을 넣고 중불에서 버터가 녹을 때까지 끓인다.
2 불에서 내려 체 친 중력분을 넣고 섞는다.
3 다시 불에 올려 약불에서 빠르게 섞어 가며 호화시킨다.
4 불에서 내려 믹서볼에 옮긴 다음 비터로 60℃가 될 때까지 믹싱한다.
5 푼 달걀을 조금씩 나누어 넣으며 믹싱한다.
6 지름 1㎝ 크기의 원형 깍지를 낀 짤주머니에 반죽을 넣고 철팬에 지름 4㎝ 크기의 원형으로 짠다.
7 윗면에 A(옥수수 크라클랭)를 올리고 170℃ 오븐에서 40분 동안 굽는다.

파티시에 크림 Ⓒ CRÈME PÂTISSIÈRE

우유 240g
설탕A 25g
바닐라 빈 1/2개
노른자 30g
설탕B 25g
옥수수 전분 12g
젤라틴 매스 14g
버터 80g

1 냄비에 우유, 설탕A, 바닐라 빈의 씨와 깍지를 넣고 끓기 직전까지 가열한다.
2 볼에 노른자, 설탕B, 옥수수 전분을 넣고 섞는다.
3 ①을 조금씩 나누어 넣으면서 섞는다.
4 체에 걸러 다시 냄비에 옮긴 다음 중불에서 거품기로 섞어 가며 호화시킨다.
5 불에서 내려 젤라틴 매스를 넣고 녹인다.
6 볼에 옮겨 45℃까지 식힌 뒤 부드러운 상태의 버터를 넣고 핸드블렌더로 믹싱한다.
7 표면에 랩을 밀착시키고 감싸 냉장고에서 12시간 이상 휴지시킨다.

D 초당옥수수 퓌레 — PURÉE DE MAÏS SUCRE

초당옥수수 10개
소금 적당량
설탕 적당량

1 푸드프로세서에 초당옥수수를 넣고 곱게 간 다음 체에 거른다.
tip 초당옥수수는 껍질을 벗기고 깨끗이 씻은 뒤 칼로 알갱이만 떼 준비한다.
tip 면포로 거르면 더 고운 질감으로 완성할 수 있다.
2 냄비에 옮겨 소금, 설탕을 넣고 뭉근해질 때까지 끓인다.
tip 소금은 옥수수 양의 0.5%, 설탕은 옥수수의 당도에 따라 넣으며 당도가 높은 옥수수를 사용한다면 넣지 않아도 무방하다.
tip 옥수수를 끓이는 동안 튈 수 있으므로 반드시 장갑을 끼고 작업한다. 한편, 옥수수 익는 향이 날 때까지 충분히 끓여야 옥수수 맛이 진해진다.
3 불에서 내려 완전히 식힌다.

E 초당옥수수 크림 — CRÈME DE MAÏS SUCRE

D(초당옥수수 퓌레) 216g
생크림 116g
설탕 56g
소금 약간
젤라틴 매스 46g

1 냄비에 D(초당옥수수 퓌레), 생크림, 설탕, 소금을 넣고 가열한다.
2 끓기 시작하면 불에서 내려 젤라틴 매스를 넣고 녹인다.
3 잠시 식힌 뒤 전체 분량의 1/3을 덜어 짤주머니에 넣은 다음 지름 3㎝ 크기의 반구 모양 실리콘 몰드(Silikomart SF006)에 짜 넣고 냉동고에서 3시간 이상 굳힌다.
4 남은 크림은 표면에 랩을 밀착시키고 감싸 냉장고에서 6시간 이상 휴지시킨다.

F 초당옥수수 가나슈 몽테 — GANACHE MONTÉE MAÏS SUCRE

생크림 250g
D(초당옥수수 퓌레) 75g
젤라틴 매스 7g
화이트초콜릿 75g
발로나 이보아르 35%

1 냄비에 생크림, D(초당옥수수 퓌레)를 넣고 80℃까지 가열한 다음 불에서 내려 젤라틴 매스를 넣고 녹인다.
3 화이트초콜릿에 넣고 섞은 뒤 핸드블렌더로 믹싱해 유화시킨다.
4 표면에 랩을 밀착시키고 감싸 냉장고에서 12시간 이상 휴지시킨다.

마무리 — MONTAGE

초당옥수수 적당량
천일염 적당량
플뢰르 드 셸
옥수수가루(유기농) 적당량
브라운 치즈 적당량

1 B(슈) 윗면에 작은 구멍을 낸 다음, 부드럽게 풀어 짤주머니에 넣은 C(파티시에 크림)를 1/3 높이까지 짜 넣는다.
2 초당옥수수를 10g씩 넣고, 부드럽게 풀어 다른 짤주머니에 넣은 E(초당옥수수 크림)를 가득 짜 넣는다.
tip 초당옥수수는 껍질을 벗기고 깨끗이 씻어 전자레인지에 약 5분간 돌린 다음 식혀 알갱이만 떼 사용한다.
3 지름 1㎝ 크기의 원형 깍지를 낀 또 다른 짤주머니에 휘핑한 F(초당옥수수 가나슈 몽테)를 넣고 윗면에 꽃 모양으로 짠다.
4 윗면 가운데에 몰드에서 뺀 E(초당옥수수 크림)를 올린다.
6 천일염, 옥수수가루를 차례대로 뿌리고 간 브라운 치즈로 장식한다.

CHOUX

CHOUX SANDWICH AUX POMMES ET ROQUETTE

사과 루콜라 슈 샌드위치

풍미 좋은 구제르를 샌드위치로 한 단계 업그레이드시켰다. 콩테 치즈를 듬뿍 넣은 구제르를 빵 모양으로 굽고 그 안에 머스터드 땅콩 소스, 깊고 진한 풍미의 사과 콩포트, 견과류와 치즈, 햄 등을 채웠다. 맛으로나 영양으로나 훌륭한 슈 샌드위치다.

길이 20㎝, 폭 7㎝ 크기의 슈 6개

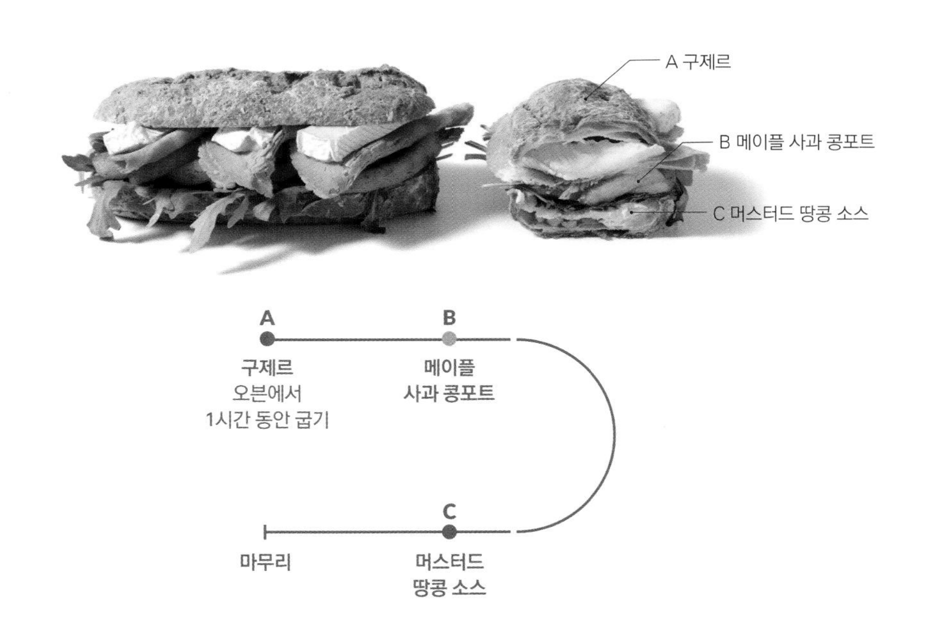

구제르 Ⓐ GOUGÈRE

물 100g
우유 100g
버터 88g
소금 4g
설탕 4g
중력분 110g
달걀 250g
콩테 치즈 85g

1 냄비에 물, 우유, 버터, 소금, 설탕을 넣고 중불에서 버터가 녹을 때까지 끓인다.
2 불에서 내려 체 친 중력분을 넣고 섞는다.
3 다시 불에 올려 약불에서 빠르게 섞어 가며 호화시킨다.
4 불에서 내려 믹서볼에 옮긴 다음 비터로 60℃가 될 때까지 믹싱한다.
5 푼 달걀을 조금씩 나누어 넣으며 믹싱한 뒤 콩테 치즈를 갈아 넣고 섞는다.
tip 콩테 치즈는 에멘탈, 그뤼에르 치즈 등으로 대체 가능하다.
6 지름 2㎝ 크기의 원형 깍지를 낀 짤주머니에 반죽을 넣고 철팬에 길이 18㎝, 폭 5㎝ 크기의 막대 모양으로 짠다.
7 윗면에 콩테 치즈(분량 외)를 듬뿍 갈아 올린 후 160℃ 오븐에서 45분 동안 굽고 오븐의 온도를 170℃로 높여 15분 동안 더 굽는다.

메이플 사과 콩포트 Ⓑ COMPOTE DE POMMES À L'ÉRABLE

흑설탕 5g
메이플 시럽 10g
사과 300g
바닐라 빈 1/2개
시나몬파우더 1g

1 냄비에 흑설탕, 메이플 시럽을 넣고 설탕이 다 녹을 때까지 가열한 다음 사과, 바닐라 빈의 씨와 깍지를 넣고 수분이 거의 날아갈 때까지 저어 가며 조린다.
tip 사과는 껍질과 씨를 제거한 뒤 4등분 하고 1㎝ 두께로 두툼하게 썰어 사용한다.
2 불에서 내려 시나몬파우더를 넣고 고루 섞는다.

머스터드 땅콩 소스 Ⓒ SAUCE MOUTARDE CACAHOUÈTE

홀그레인 머스터드 30g
마요네즈 100g
땅콩 페이스트 50g
꿀 10g

1 볼에 모든 재료를 넣고 섞는다.
tip 땅콩 페이스트는 시중에 판매하는 땅콩 버터로 대체할 수 있다. 이때 설탕 함량에 따라 꿀의 양을 조절한다.
tip 땅콩 페이스트는 p.176을 참고해 만든다.

마무리 MONTAGE

견과류 적당량
루콜라 적당량
잠봉 200g
브리 치즈 50g

1 A(구제르)를 반으로 자른 다음 안쪽에 C(머스터드 땅콩 소스)를 바른다.
2 견과류를 넣고 루콜라를 올린다.
tip 견과류는 호두, 캐슈넛 등을 섞어 150℃ 오븐에서 10~15분 동안 구워 사용한다.
3 B(메이플 사과 콩포트), 잠봉, 두툼하게 썬 브리 치즈를 차례대로 올리고 ①에서 자른 A(구제르)의 윗부분을 덮는다.

구제르 Gougère

프랑스 부르고뉴 지방의 전통요리로 반죽에 치즈를 넣어 구운 짭조름한 맛의 슈이다. 그뤼에르, 콩테, 에멘탈 치즈 등을 주로 사용하며, 보통 식전주(Apéritif)와 함께 한 입 크기의 전채 요리 아뮈즈 부슈(Amuse bouche)로 곁들여 먹는다. 속을 채우지 않고 먹는 것이 일반적이나 버섯, 햄 등을 넣어 만들기도 한다. 부르고뉴 지방에서는 와인을 시음할 때 구제르를 차게 해서 내는 것이 일반적이다.

CHOUX

CLAM CHOWDER SÉPIA

오징어 먹물 클램 차우더

오징어 먹물로 색을 내고 치즈로 감칠맛을 더한 슈 안에 시원하면서도 깊은 맛이 나는 클램 차우더 수프를 넣었다. 메인 디시 전 애피타이저로 내어 입맛을 돋우기에 안성맞춤. 간단한 식사 대용으로도 손색없다.

지름 10㎝ 크기의 원형 슈 6개

Ⓐ CRAQUELIN SÉPIA FROMAGE

오징어 먹물 치즈 크라클랭

버터 50g
설탕 62g
박력분 40g
오징어 먹물 2g
파르메산치즈가루 10g

1 믹서볼에 버터, 설탕을 넣고 비터로 믹싱한다.
2 체 친 박력분, 오징어 먹물을 넣고 한 덩어리가 될 때까지 믹싱한다.
3 0.2㎝ 두께로 밀어 편 다음 파르메산치즈가루를 뿌리고 밀대로 살짝 밀어 가루를 반죽에 밀착시킨다.
4 지름 9㎝ 크기의 원형 커터로 찍어 자르고 냉동고에서 보관한다.

Ⓑ GOUGÈRE SÉPIA

오징어 먹물 구제르

물 50g
우유 50g
버터 44g
소금 2g
설탕 2g
중력분 55g
달걀 125g
콩테 치즈 43g
오징어 먹물 5g

1 냄비에 물, 우유, 버터, 소금, 설탕을 넣고 중불에서 버터가 녹을 때까지 끓인다.
2 불에서 내려 체 친 중력분을 넣고 섞는다.
3 다시 불에 올려 약불에서 빠르게 섞어 가며 호화시킨다.
4 불에서 내려 믹서볼에 옮긴 다음 비터로 60℃가 될 때까지 믹싱한다.
5 푼 달걀을 조금씩 나누어 넣으며 믹싱한 뒤 간 콩테 치즈, 오징어 먹물을 넣고 섞는다.
6 지름 2㎝ 크기의 원형 깍지를 낀 짤주머니에 반죽을 넣고 철판에 지름 8㎝ 크기의 원형으로 짠다.
7 윗면에 A(오징어 먹물 치즈 크라클랭)를 올리고 170℃ 오븐에서 55분 동안 굽는다.
tip 구운 뒤 슈를 오븐 안에서 천천히 식히면 더욱 바삭한 식감으로 완성할 수 있다.

클램 차우더  CLAM CHOWDER

모시조개 200g
버터A 15g
밀가루 15g
올리브유 15g
버터B 8g
감자 1개
베이컨 2줄
양파 1/2개
생크림 100g
우유 100g
소금 약간

1 모시조개는 소금물에 약 3시간 동안 해감한 다음 깨끗이 씻어 끓는 물(분량 외)에 데치고 살을 바른다.
tip 조개를 데친 물은 버리지 않고 육수로 사용한다.
2 팬에 버터A를 넣어 녹인 뒤 밀가루를 넣고 볶아 루를 만든다.
3 다른 팬에 올리브유, 버터B, 작게 자른 감자, 베이컨, 양파를 넣고 볶는다.
4 감자가 익으면 ①의 조갯살을 넣고 가볍게 볶은 뒤 ①의 육수 100g, 생크림, 우유를 넣고 끓인다.
5 ②를 넣고 섞은 후 소금을 넣고 간을 한다.

마무리 MONTAGE

파슬리가루 적당량

1 B(오징어 먹물 구제르)의 윗면을 자른 다음 안쪽에 C(클램 차우더)를 붓는다.
2 파슬리가루를 뿌린다.

ABOUT CHOUX

어바웃 슈

저 자 | 권주원
발행인 | 장상원
편집인 | 이명원

초판 1쇄 | 2023년 8월 1일

발행처 | (주)비앤씨월드 출판등록 1994.1.21 제 16-818호
주소 | 서울특별시 강남구 선릉로 132길 3-6 서원빌딩 3층
전화 | (02)547-5233 팩스 | (02)549-5235
홈페이지 | www.bncworld.co.kr
블로그 | http://blog.naver.com/bncbookcafe
인스타그램 | www.instagram.com/bncworld_books
진행 | 박선아 사진 | 이재희 디자인 | 박갑경
ISBN | 979-11-86519-85-1 13590